留学生のための
かんたん Excel 入門

楪村 麻里子　津木 裕子　山本 光　[著]
松下 孝太郎　平井 智子　両澤 敦子

技術評論社

●ご注意

本書は、2018年12月時点での最新のMicrosoft Office 365、サブスクリプション版、Word 2016、Excel 2016を使用して執筆、制作されたものです。その後、機能の追加や画面デザインや操作の変更などが生じている可能性があります。

また、本書で紹介しているホームページのURLやその内容は、その後、変更されたり、無くなっている可能性があります。

あらかじめご了承ください。

Microsoft Officeは米国Microsoft Corporationの米国およびその他の国における商標または名称です。
Microsoft Wordは米国Microsoft Corporationの米国およびその他の国における商標または名称です。
Microsoft Excelは米国Microsoft Corporationの米国およびその他の国における商標または名称です。
Windowsは米国Microsoft Corporationの米国およびその他の国における登録商標です。

その他の本書に記載されている商品・サービス名称等は、各社の商標または登録商標です。

本書では®、™マークは省略しています。

はじめに

　Excel（Microsoft Excel／エクセル）は、世界中で使用されている標準的な表計算ソフトです。Excelは、各国の企業、学校、家庭において広く使用されています。日本においても、企業に就職の際は、Excelのスキルは概ね必須となっています。今後も、さまざまビジネスの場面でExcelを利用する機会が増えると予想されます。

　本書は、日本語を母国語としない人、まったく経験のない人でも、無理なくExcelを学習できるように編集しています。本書の特徴として次の点を挙げることができます。

・総ルビにより日本語を母国語としない学習者も内容が理解できる。
・文字の入力操作などの初歩的な内容から、実務文章作成などの実用的な内容まで無理なく学べる。
・サンプルファイルをサポートページからダウンロードして使用できる。
・練習問題を通じて知識を定着できる。

　第1章では、ローマ字、カタカナなどの日本語表現、タイピングなど、日本語やコンピュータを使用するための基本事項について解説しています。日本語によるコンピュータの操作を簡単に学ぶことができます。

　第2章では、フォルダーやファイルの操作方法について解説しています。Windowsの操作を簡単に学ぶことできます。

　第3章の第1節から第2節では、Excelの基本操作、データ入力について解説しています。Excelの表（シート）の基本的な作成について学ぶことができます。

　第3章の第3節から第4節では、セルの編集、表の体裁や装飾について解説しています。より実用的な表の作成について学ぶことができます。

　第3章の第5節から第7節では、計算、関数、セルの参照方法についてについて解説しています。基本的な表計算について学ぶことができます。

　第3章の第8節から第10節では、グラフについて解説しています。基本的なグラフをはじめ、主なグラフの作成について学ぶことができます。

　第3章の第11節から第15節では、Bookの管理、図形の挿入、基本統計量、専門的関数などについて解説しています。より実用的な表の作成について学ぶことができます。

　巻末付録では、Excelに関する頻出用語を用意しています。これにより、日本語版Excelの理解が容易になります。

　本書における操作手順や操作画面はExcel2016により解説していますが、以前のバージョンや今後のバージョンにおいても、ほとんど同様の操作で行うことができます。

　最後に、本書の編集・企画においてご尽力いただいた技術評論社の渡邉悦司氏、松井竜馬氏および関係各位に深く感謝の意を表します。

2018年12月
著者

本書の使い方 ① 本書の特徴

　本書は、日本語の基礎とパソコンやWindowsの基本操作を学んだ留学生を対象にした、Excelの入門書です。留学生が学習しやすいよう、さまざまな工夫を凝らしています。

　本書は3章を中心に構成されています。3-1から3-15の全15回の授業でExcelの基本を学びます。

　1、2章ではパソコンやWindows、日本語IMEの基本をさっと確認できるように、まとめてあります。

　3章の各節では、最初に学習内容や完成例が書かれています。そして、サンプルファイルをもとに、文書を完成させていくことで、Excelの機能や操作方法が自然に身につくようになっています。

　各節の最後には、練習問題があります。学んだことを確認したり、プラスアルファの操作を確認できます。

◆ 3章の各節の扉ページ

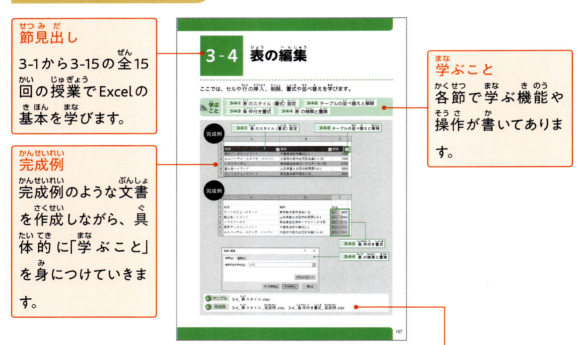

節見出し
3-1から3-15の全15回の授業でExcelの基本を学びます。

完成例
完成例のような文書を作成しながら、具体的に「学ぶこと」を身につけていきます。

学ぶこと
各節で学ぶ機能や操作が書いてあります。

サンプルファイル
ダウンロードサービスで入手して使用するサンプルファイルです。「サンプルファイル」、「入力用PDFファイル」、「完成例ファイル」などがあります。

◆ 本文ページ

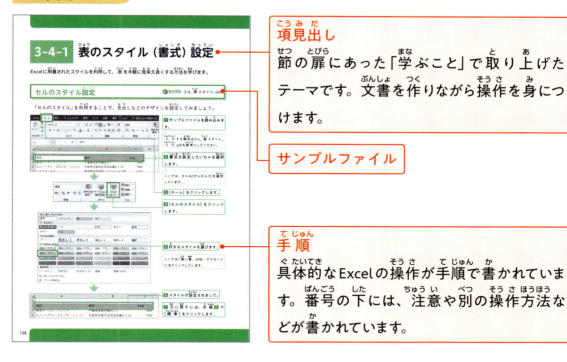

項見出し
節の扉にあった「学ぶこと」で取り上げたテーマです。文書を作りながら操作を身につけます。

サンプルファイル

手順
具体的なExcelの操作が手順で書かれています。番号の下には、注意や別の操作方法などが書かれています。

◆ 練習問題ページ

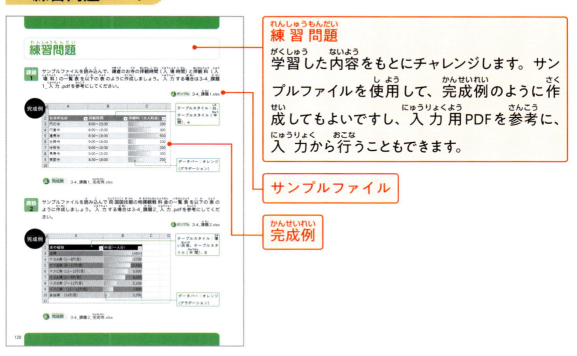

練習問題
学習した内容をもとにチャレンジします。サンプルファイルを使用して、完成例のように作成してもよいですし、入力用PDFを参考に、入力から行うこともできます。

サンプルファイル

完成例

本書の使い方 ② サンプルファイルの種類と内容

　本書の学習で使用する主なサンプルファイルは次の3つです。基本のサンプルファイルに加え、入力用、完成例があります。なお、ダウンロードサービスにはその他の教材も用意しています。

◆ サンプルファイル

	A	B	C
1			
2	名称	場所	料金
3	東京ディズニーリゾート	千葉県浦安市舞浜1-1	7400
4	ユニバーサル・スタジオ・ジャパン	大阪府大阪市此花区桜島2-1-33	7400
5	ハウステンボス	長崎県佐世保市ハウステンボス町	6700
6	富士急ハイランド	山梨県富士吉田市新西原5-6-1	5000
7	サンリオピューロランド	東京都多摩市落合1-31	3800
8			

教材として使用するファイルです。あらかじめ用意されたサンプルファイルを読み込むことで、文字入力することなく、必要な機能や操作を効率的に学んでいくことができます。入力からやりたい人のための「入力用PDF」も用意しています。

◆ 入力用PDF

名称	場所	料金
東京ディズニーリゾート	千葉県浦安市舞浜1-1	7400
ユニバーサル・スタジオ・ジャパン	大阪府大阪市此花区桜島2-1-33	7400
ハウステンボス	長崎県佐世保市ハウステンボス町	6700
富士急ハイランド	山梨県富士吉田市新西原5-6-1	5000
サンリオピューロランド	東京都多摩市落合1-31	3800

サンプルファイルの内容を自分で入力して進めたい、設定もやりたいという学生のために入力用PDFを用意しています。ダウンロードサービスから入手できます。

◆ 完成例ファイル

	A	B	C
1			
2	名称	場所	料金
3	東京ディズニーリゾート	千葉県浦安市舞浜1-1	7400
4	ユニバーサル・スタジオ・ジャパン	大阪府大阪市此花区桜島2-1-33	7400
5	ハウステンボス	長崎県佐世保市ハウステンボス町	6700
6	富士急ハイランド	山梨県富士吉田市新西原5-6-1	5000
7	サンリオピューロランド	東京都多摩市落合1-31	3800
8			
9			

各節の実習で作成する表の完成例です。

本書の使い方 ③ ダウンロードサービスについて

◆ ダウンロードの手順

本書で使用するサンプルファイルは次の手順でダウンロードできます。なお、「gihyo.jp/book/2019/978-4-297-10270-8/support」にアクセスすれば、ダイレクトにダウンロードページを開けます。

1 「gihyo.jp/book」にアクセスします。

2 「本を探す」に「留学生の」と入力して[検索]をクリックします。

3 「留学生のためのかんたんExcel入門」を見つけてクリックします。

上のほうは広告になっています。

4 「本書のサポートページ」をクリックします。

5 表示されたページの説明にしたがってダウンロードしてください。

◆ 本書で使用するサンプルファイルについて

本書と連携したサンプルファイルです。完成例を分けて使いたい方のために、別々（べつ）にダウンロードできるようにもなっています。

完成例以外と完成例のみを合わせたものと一式ダウンロードは同じものです。目的に合わせてご使用ください。

一式ダウンロード	3章の学習や練習問題に使用するサンプルファイル、入力用PDF、完成例ファイルがすべて入っています。
完成例以外のダウンロード	完成例のファイルを除いたものです。
完成例のみのダウンロード	完成例のみ集めたものです。

◆ 追加の練習問題やその他の教材のダウンロード

留学生の学習に役立つ、追加の練習問題、その他ファイルを多数ご用意しております。ぜひ、アクセスしてみてください。

目次 留学生のためのかんたん Excel 入門

はじめに		3
本書の使い方 ①	本書の特徴	4
本書の使い方 ②	サンプルファイルの種類と内容	6
本書の使い方 ③	ダウンロードサービスについて	7

1章 パソコン操作と日本語入力の基本編

1-1	パソコンの種類と起動	14
1-2	マウスの操作	16
1-3	Windowsの画面とアプリケーションの起動	20
1-4	キーボードの名称と機能	24
1-5	ローマ字・ひらがな・漢字	26
1-6	タッチタイピング	28
1-7	入力モードと日本語IME	30
1-8	ひらがなの入力と漢字変換	32

2章 フォルダーやファイル操作の基本編

2-1	ウィンドウの操作	38
2-2	ファイル／フォルダーの作成と移動	42
2-3	ファイル／フォルダーの表示の変更	44
2-4	ファイルの拡張子	46

3章 Excel編

3-1 Excelの基本 ... 49
- 3-1-1 Excelの起動と終了、保存フォルダーの作成 ... 50
- 3-1-2 Excelの画面 ... 52
- 3-1-3 シートの作成と削除 ... 54
- 3-1-4 ブックの保存 ... 58
- 3-1-5 ブックの読み込み ... 60
- 3-1-6 シートの印刷 ... 62
- 3-1-7 テンプレート ... 64
- 練習問題 ... 66

3-2 セル操作の基本 ... 67
- 3-2-1 セルとシートの基本 ... 68
- 3-2-2 データの入力と修正 ... 70
- 3-2-3 データの消去、セルの削除・挿入 ... 74
- 3-2-4 データのコピーと移動 ... 82
- 3-2-5 オートフィル ... 86
- 3-2-6 セルの表示形式 ... 89
- 練習問題 ... 94

3-3 セルの編集 ... 95
- 3-3-1 表示形式 ... 96
- 3-3-2 配置 ... 98
- 3-3-3 フォント ... 100
- 3-3-4 罫線 ... 102
- 3-3-5 塗りつぶし ... 104
- 練習問題 ... 106

3-4 表の編集 … 107

- 3-4-1 表のスタイル（書式）設定 … 108
- 3-4-2 テーブルの並べ替えと解除 … 110
- 3-4-3 条件付き書式 … 113
- 3-4-4 表の検索と置換 … 116

練習問題 … 120

3-5 式と計算の基本 … 121

- 3-5-1 式の入力と計算 … 122
- 3-5-2 合計の計算 … 129
- 3-5-3 関数を使った合計の計算 … 131
- 3-5-4 平均の計算 … 134
- 3-5-5 スパークライン … 137

練習問題 … 138

3-6 相対参照・絶対参照 … 139

- 3-6-1 相対参照 … 140
- 3-6-2 絶対参照 … 142
- 3-6-3 複合参照 … 144

練習問題 … 148

3-7 表の式と計算 … 149

- 3-7-1 割合の計算 … 150
- 3-7-2 達成率の計算 … 153

練習問題 … 156

3-8 グラフ機能 … 157

- 3-8-1 円グラフの作成 … 158
- 3-8-2 グラフの移動とサイズ変更 … 160
- 3-8-3 グラフの色やレイアウト、スタイルの変更 … 162

練習問題 … 166

3-9 棒グラフ　　　167

- 3-9-1 棒グラフの作成　　　168
- 3-9-2 棒グラフの種類や表示の変更　　　171
- 3-9-3 グラフシート　　　176
- 練習問題　　　178

3-10 折れ線グラフ・箱ひげ図　　　179

- 3-10-1 折れ線グラフの作成　　　180
- 3-10-2 箱ひげ図　　　184
- 練習問題　　　186

3-11 シート間の参照と画像・図形の挿入　　　187

- 3-11-1 別シートのセルを参照　　　188
- 3-11-2 コメントの挿入と削除　　　191
- 3-11-3 画像の挿入　　　193
- 3-11-4 図形の挿入　　　195
- 練習問題　　　198

3-12 関数と数式の基本　　　199

- 3-12-1 関数の基本　　　200
- 3-12-2 合計　　　204
- 3-12-3 平均　　　206
- 3-12-4 最大　　　208
- 3-12-5 最小　　　210
- 練習問題　　　212

3-13 条件分岐と論理式　　　213

- 3-13-1 IF関数と条件分岐　　　214
- 3-13-2 IFS関数と複数の条件分岐　　　217
- 3-13-3 COUNTIF関数　　　220
- 練習問題　　　222

3-14 データの抽出 ... 223

- 3-14-1 リスト形式 ... 224
- 3-14-2 フィルターの設定と解除 ... 225
- 3-14-3 データの抽出と解除 ... 226
- 3-14-4 いろいろな抽出方法 ... 228
- 3-14-5 複数項目のデータの抽出 ... 231
- 練習問題 ... 234

3-15 データの並べ替え ... 235

- 3-15-1 リスト形式 ... 236
- 3-15-2 データの並べ替え ... 237
- 3-15-3 複数項目の並べ替え ... 240
- 練習問題 ... 242

巻末　留学生のための重要用語 ... 243
巻末　LZHファイルやPDFファイルが開かないとき ... 254

1章

パソコン操作と日本語入力の基本 編

1-1 パソコンの種類と起動

パソコンの種類と起動方法を見てみましょう。

パソコンの種類

文書の作成や、表計算には、パソコン（パーソナルコンピュータ）を使います。パソコンの種類には、デスクトップパソコン、ノートパソコン、タブレットパソコンなどがあります。

◆ **デスクトップパソコン**

本体、ディスプレイ、キーボードにより構成されています。持ち運びはできませんが、画面やキーボードが大きく、使いやすいため、じっくり作業することができます。

◆ **ノートパソコン**

本体、ディスプレイ、キーボードが一体化されています。持ち運ぶことにより、移動先でも作業できます。

◆ **タブレットパソコン**

小型で薄く、しかも軽いため、どこにでも持ち運ぶことができます。画面に表示されるキーボードで入力します。
（キーボードが付属しているものもあります。）

パソコンの起動

本体の電源ボタンを押すと、パソコンが起動します。

◆ デスクトップパソコン　　　　　　◆ ノートパソコン

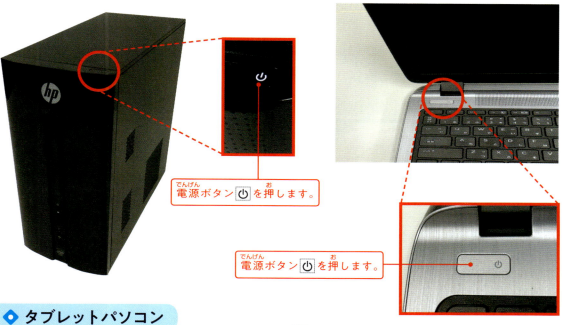

電源ボタン ⏻ を押します。

電源ボタン ⏻ を押します。

◆ タブレットパソコン

電源ボタンを押します。

> **Point** 電源ボタンのマーク
>
> ほとんどの電源ボタンは ⏻ で表示されていますが、違うこともあります。もし、まったく動作しなくなったときは電源ボタンが ⏻ を長く押すと、リセットがかかり再起動します。

1-2 マウスの操作

パソコンはマウスを使って操作します。マウスの基本操作は、ポインターの移動・クリック・ダブルクリック・ドラッグの4つです。ノートパソコンやタブレットパソコンなどの場合、マウスが付いてないことがありますが、タッチパッドやタッチパネルなどを使って同様の操作ができます。

ポインターの移動

◆ デスクトップパソコン

画面に表示された矢印は、「マウスポインター（ポインター）」といいます。マウスを動かすと、動かした方向にポインターが移動します。

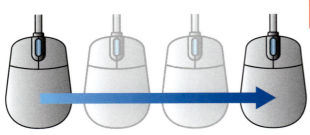

マウスを右に動かすと、ポインターも右に移動します。

◆ ノートパソコン

タッチパッドの上に指を置き、「マウスポインター（ポインター）」を動かしたい方向に指を動かします。

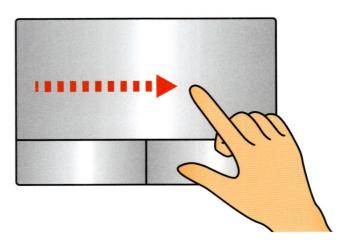

クリックと右クリック

◆ デスクトップパソコン

マウスの左ボタンを1回押すことを「クリック」といいます。

マウスの右ボタンを1回押すことを「右クリック」といいます。

◆ ノートパソコン

クリックは左ボタンを1回押します。右クリックは右ボタンを1回押します。

ダブルクリック

◆ デスクトップパソコン

　左ボタンをすばやく2回押すことをダブルクリックといいます。

◆ ノートパソコン

　左ボタンをすばやく2回押します。

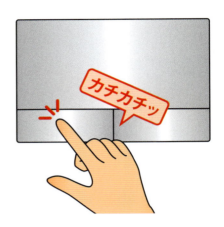

ドラッグ

◆ デスクトップパソコン

　マウスの左ボタンを押したままマウスを移動することを「ドラッグ」といいます。

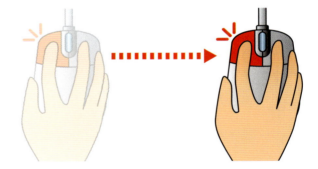

◆ ノートパソコン

　左ボタンを押したまま、タッチパッドの上に指を置き、「マウスポインター（ポインター）」を動かしたい方向に指を動かします。

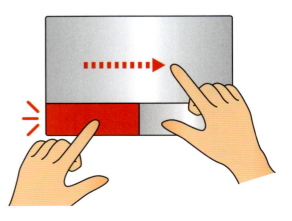

COLUMN タブレットパソコンの操作

タブレットパソコンの操作は、画面上でタッチ操作により行います。
タッチ対応モニターでは、マウスと同じ動作が、画面をタッチして行うことができます。

タップ
対象を1回トンとたたきます
（マウスの左クリックに相当）

ダブルタップ
対象をすばやく2回たたきます
（マウスのダブルクリックに相当）

ホールド
対象を少し長めに押します
（マウスの右クリックに相当）

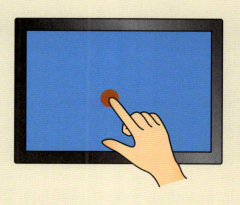

ドラッグ
対象に触れたまま、画面上を指でなぞり、上下左右に動かします

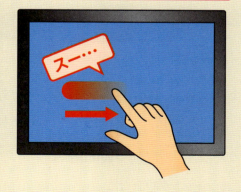

1-3 Windowsの画面とアプリケーションの起動

Windowsを起動すると、デスクトップが表示されます。デスクトップの画面は以下のようになっています。

◆ **デスクトップの画面**

デスクトップ
起動したアプリケーションの作業スペース。ファイルやフォルダを置ける

スタートボタン
スタートメニューを表示

スタートメニュー
アプリケーションの起動やWindowsの設定、シャットダウンなど

タスクバー
起動中のアプリケーションの切り替えやよく使うアイコンの登録

通知領域
実行中のアプリケーションの設定や日本語IME、音量、時間・日付の表示

◆ スタートボタン

アプリケーションの起動やWindowsの設定、ファイルやフォルダへのアクセスには、スタートボタンを押します。

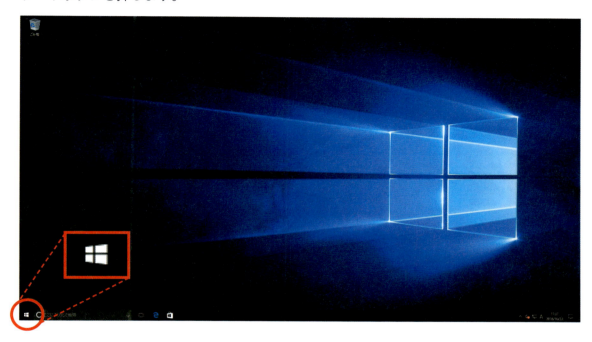

◆ スタートメニュー

スタートメニューには、アプリケーションや設定ツールが並んでいます。

◆ スライダーを表示

スタートメニューには、一部のアプリケーションしか表示されていません。右図のところにマウスポインターをもっていくとスライダーが表示されます。スライダーをドラッグすると、表示されていないアプリケーションを選択できるようになります。

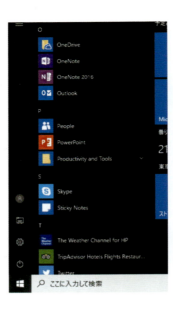
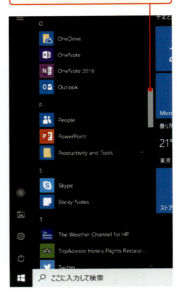

スライダーをドラッグ

◆ アプリケーションの起動

スタートメニューでアイコンをクリックすると、アプリケーションが起動します。
右図は、Wordを起動した例です。
開始のメッセージのあとに、ファイルのテンプレート選択の画面になります。

◆ アプリケーションの検索

もし起動したいアプリケーションが、スタートメニューから探すことができなかったら、検索をしてみましょう。さまざまな検索に「Cortana」が利用できます。

右下図では、メモ帳を探すためにCortanaに「メモ」と入力しています。メモ帳がリストアップされています。クリックするとメモ帳が起動します。

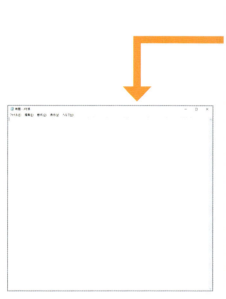

1-4 キーボードの名称と機能

文字を入力するときは、キーボードを使います。デスクトップパソコンのキーボードはテンキーがありますが、ノートパソコンにはテンキーがないものがあります。

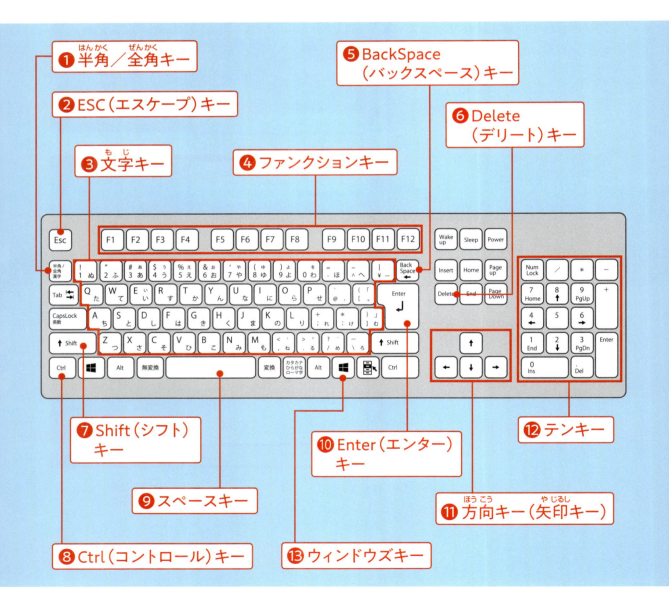

デスクトップパソコンのキーボード　　　ノートパソコンのキーボード

❶ 半角／全角キー
半角英数入力モードと日本語入力モードを切り替えます。

❷ Esc（エスケープ）キー
入力した内容や、選択した操作を取り消します。キャンセルしたいときに押します。

❸ 文字キー
キーボードに表示されている文字や数字、記号などを入力します。

❹ ファンクションキー
特殊な操作などに使用します。

❺ BackSpace（バックスペース）キー
Ⅰ（文字カーソル）の左側の文字を削除します。

❻ Delete（デリート）キー
Ⅰ（文字カーソル）の右側の文字を削除します。

❼ Shift（シフト）キー
アルファベットの大文字や記号の入力などに使用します。

❽ Ctrl（コントロール）キー
ほかのキーと組み合わせて使います。

❾ スペースキー
漢字変換や空白の入力に使用します。

❿ Enter（エンター）キー
入力の確定や改行などを行います。

⓫ 方向キー（矢印キー）
Ⅰ（文字カーソル）を移動します。

⓬ テンキー
数字の入力に使用します。

⓭ ウィンドウズキー
スタートメニューの表示や、ほかのキーと組み合わせて使用します。

25

1-5 ローマ字・ひらがな・漢字

パソコンで漢字を入力するためには、ローマ字、ひらがなの知識が必要です。日本語の入力方法には、かな入力とローマ字入力があります。一番よく使われる日本語の入力方法が、ローマ字入力です。ローマ字で入力して、ひらがなや漢字に変換します。

ローマ字・ひらがな・漢字の関係

ローマ字	yo ko ha ma
ひらがな	よ こ は ま
漢字	横浜

ローマ字	o ki na wa
ひらがな	お き な わ
漢字	沖縄

ローマ字	to u kyo u
ひらがな	と う きょ う
漢字	東京

ローマ字	fu ji sa n
ひらがな	ふ じ さ ん
漢字	富士山

かな・ローマ字の対応表

かなとローマ字の関係は次の表のようになります。

あ A	い I	う U	え E	お O
か KA	き KI	く KU	け KE	こ KO
さ SA	し SI (SHI)	す SU	せ SE	そ SO
た TA	ち TI (CHI)	つ TU (TSU)	て TE	と TO
な NA	に NI	ぬ NU	ね NE	の NO
は HA	ひ HI	ふ HU (FU)	へ HE	ほ HO
ま MA	み MI	む MU	め ME	も MO
や YA		ゆ YU		よ YO
ら RA	り RI	る RU	れ RE	ろ RO
わ WA	うぃ WI	う WU	うぇ WE	を WO
ん NN		ヴ VU		
が GA	ぎ GI	ぐ GU	げ GE	ご GO
ざ ZA	じ ZI (JI)	ず ZU	ぜ ZE	ぞ ZO
だ DA	ぢ DI	づ DU	で DE	ど DO
ば BA	び BI	ぶ BU	べ BE	ぼ BO
ぱ PA	ぴ PI	ぷ PU	ぺ PE	ぽ PO
ぁ LA (XA)	ぃ LI (XI)	ぅ LU (XU)	ぇ LE (XE)	ぉ LO (XO)
ゃ LYA (XYA)	ゅ LYU (XYU)	ょ LYO (XYO)		っ LTU (XTU)

きゃ KYA	きぃ KYI	きゅ KYU	きぇ KYE	きょ KYO
しゃ SYA	しぃ SYI	しゅ SYU	しぇ SYE	しょ SYO
ちゃ TYA	ちぃ TYI	ちゅ TYU	ちぇ TYE	ちょ TYO
にゃ NYA	にぃ NYI	にゅ NYU	にぇ NYE	にょ NYO
ひゃ HYA	ひぃ HYI	ひゅ HYU	ひぇ HYE	ひょ HYO
みゃ MYA	みぃ MYI	みゅ MYU	みぇ MYE	みょ MYO
りゃ RYA	りぃ RYI	りゅ RYU	りぇ RYE	りょ RYO
ふぁ FA	ふぃ FI	ふゅ FYU	ふぇ FE	ふぉ FO
		どぅ DWU		
ぎゃ GYA	ぎぃ GYI	ぎゅ GYU	ぎぇ GYE	ぎょ GYO
じゃ ZYA (JA)	じぃ ZYI	じゅ ZYU	じぇ ZYE	じょ ZYO (JO)
ぢゃ DYA	ぢぃ DYI	ぢゅ DYU	ぢぇ DYE	ぢょ DYO
びゃ BYA	びぃ BYI	びゅ BYU	びぇ BYE	びょ BYO
ぴゃ PYA	ぴぃ PYI	ぴゅ PYU	ぴぇ PYE	ぴょ PYO
	てぃ THI	てゅ THU		
	でぃ DHI	でゅ DHU		

1-6 タッチタイピング

タッチタイピング（Touch typing）とは、パソコンのキーボードを打つときに、キーボードを見ないで押すことをいいます。ブラインドタッチともいいます。

ホームポジション

　タッチタイピングを行う場合、指を置く位置が重要です。タッチタイピングを行うとき、基本となる指を置く位置をホームポジションといいます。
　キーボードによる入力を始めるとき、右手は人差し指から小指の順に J 、 K 、 L 、 ; 、左手は人差し指から小指の順に F 、 D 、 S 、 A 、両手の親指はスペースキーの上に置きます。見なくてもわかるように F キーと J キーには小さな突起（でっぱり）がついています。 F キーには左手の人差し指、 J キーには右手の人差し指を置きます。

タッチタイピングソフトウェア

　タッチタイピングの練習には、タッチタイピングソフトウェアが便利です。タッチタイピングソフトウェアにはフリーソフトウェアの「MIKATYPE」（今村二郎氏開発）があります。MIKATYPEは次のURLよりダウンロードできます。

● MIKATYPEダウンロード先
　http://www.asahi-net.or.jp/~BG8J-IMMR/

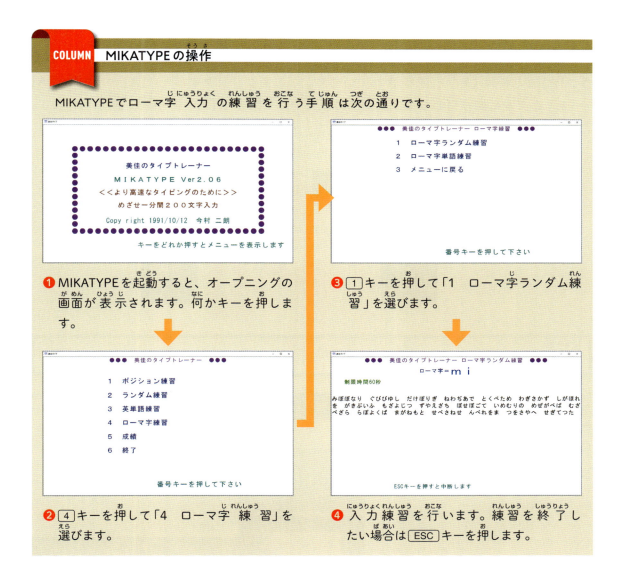

COLUMN　MIKATYPEの操作

MIKATYPEでローマ字入力の練習を行う手順は次の通りです。

❶ MIKATYPEを起動すると、オープニングの画面が表示されます。何かキーを押します。

❷ 4キーを押して「4　ローマ字練習」を選びます。

❸ 1キーを押して「1　ローマ字ランダム練習」を選びます。

❹ 入力練習を行います。練習を終了したい場合はESCキーを押します。

1-7 入力モードと日本語IME

パソコンで文字入力や文字変換を行うしくみをIME (Input Method Editor) といいます。特に、日本語の入力システムは「日本語IME」と呼ばれています。Windowsには、Microsoft社製の日本語IMEが入っています。

半角英数入力モードと日本語入力モード

日本語IMEには何種類かの入力モードがあります。Windowsの画面右下を見てみましょう。[A] もしくは [あ] と表示されています。ここをクリックすると、[A] → [あ] → [A] → [あ] と交互に切り替わります。画面の真ん中にも大きく [あ] や [A] と表示されます。このときの [A] が半角英数入力モード、[あ] が日本語入力モードです。

入力モードの切り替え

入力モードはほかにも種類があります。画面右下の [A] または [あ] のところを右クリックしてみましょう。

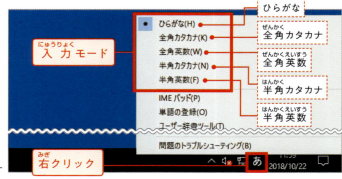

メニューの上にある項目が入力モードです。メニューには、[あ]の「ひらがな」や[A]の「半角英数」以外にも「全角カタカナ」「全角英数」「半角カタカナ」が用意されています。

メニューから選ぶと、画面右下の表示は次のように切り替わります。

半角英数入力モード
日本語入力モード(ひらがな入力モード)
全角カタカナモード
全角英数モード
半角カタカナモード

なお、半角英数入力と日本語入力(ひらがな入力)は、キーボードの[半角／全角漢字]キーでも切り替えることができます。とてもよく使われるので、覚えておきましょう。

入力される文字

それぞれの入力モードで、どのような文字を入力できるのか、メモ帳やワードパッド、WordやExcelなどを使って、実際に試してみましょう。メモ帳は、次の手順で起動できます。

1 [スタート]ボタンをクリックします。
2 [Windowsアクセサリ]をクリックします。
3 [メモ帳]をクリックします。

● 入力される文字

aaaaa1111 — 半角英数入力モード
あああああ — 日本語入力モード(ひらがな入力モード)
アアアアア — 全角カタカナモード
ａａ１１Ａ — 全角英数モード
アアアイイイイ111 — 半角カタカナモード

1-8 ひらがなの入力と漢字変換

ローマ字によるひらがなの入力と、漢字への変換の基本について説明します。IMEパッドによる漢字の入力方法にも触れます。

ローマ字入力とかな入力

　漢字の入力は、IMEを日本語入力モード（ひらがな入力モード）に切り替え、ひらがなを入力しながら漢字に変換します。

　ひらがなの入力は、「ローマ字入力」と「かな入力」の2種類があります。切り替えは画面右下の［あ］を右クリックして、IMEオプションから行います（左下図）。たとえば、「あ」を入力する場合、ローマ字入力はキーボードの [A ち] キー、かな入力は [# あ 3 あ] キーを押します（右下図）。なお、本書ではローマ字入力を基本に進めていきます。

●IMEオプションのローマ字入力とかな入力の切り替え

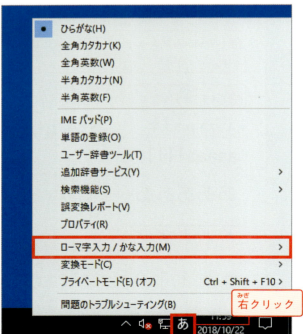

●「あ」を入力するときのキー

漢字の入力（1文字ごと）

漢字への変換はひらがなを入力したあとにスペースキーまたは［変換］キーを押します。「沖」という1文字の漢字を例に、ひらがなから漢字への変換方法を説明します。

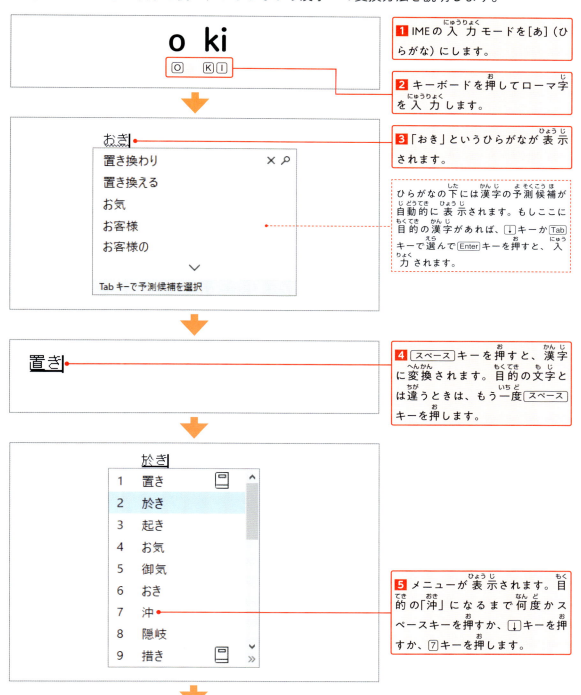

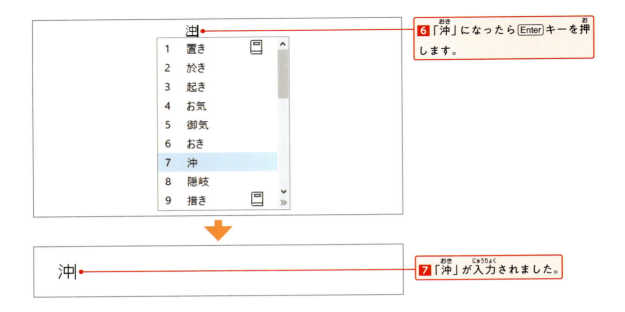

漢字の入力(単語ごと)

「沖縄」という漢字を入力してみます。今度は単語で入力します。

漢字の入力（IMEパッド）

　読み方がわからない漢字を入力するときに便利なのがIMEオプションのIMEパッドです。マウスで文字の形を書き込めば、似たような漢字を探してくれます。

5 マウスポインターを漢字に合わせると「ひらがなでのよみかた」（読み仮名といいます）が表示されます。

6 候補の漢字をクリックすると、文書に文字が入力されます。

7 ENTER キーで確定します。

8 ✕ ボタンをクリックすると終了します。

> **Point** IMEパッドのボタン
>
> IMEパッドには、1つ前に戻したり、消去するボタンがあります。また、キーボードと同じ機能のボタンが一部、用意されています。

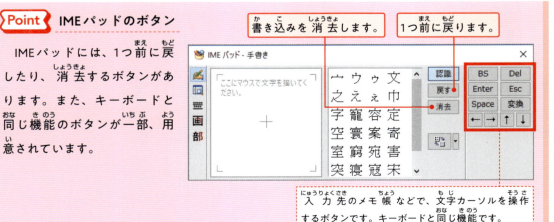

書き込みを消去します。

1つ前に戻ります。

入力先のメモ帳などで、文字カーソルを操作するボタンです。キーボードと同じ機能です。

2章

フォルダーやファイル操作の基本 編

2-1 ウィンドウの操作

Windowsではアプリケーションを起動すると、ほとんどの場合、ウィンドウで表示されます。ウィンドウの一例として、ファイル操作で利用するエクスプローラーの画面を下記に示します（エクスプローラーもアプリケーションのひとつです）。なお、Windows10ではアプリケーションのことをアプリと表記していることがあります。

◆ ウィンドウの各部の名前

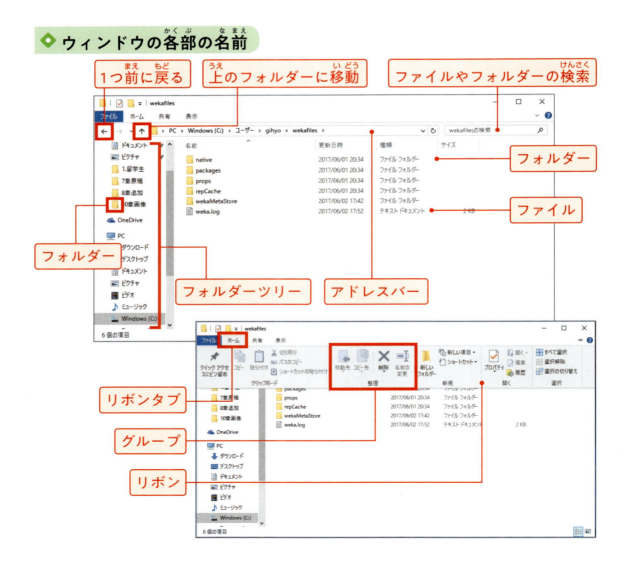

◆ ウィンドウの選択

ウィンドウを選ぶときは、ウィンドウをクリックします。

ウィンドウの上の部分をクリックするとよいでしょう。

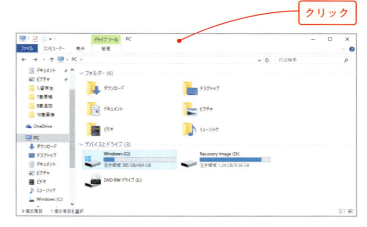
クリック

◆ ウィンドウの移動

ウィンドウの上の部分をドラッグすると移動します。

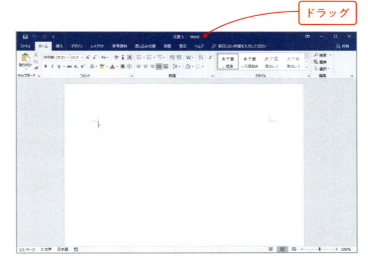
ドラッグ

> **Point** アプリケーションの選択（切り替え）

複数のアプリケーションが起動しているときは、画面下にあるタスクバーに並びます。アプリケーションを切り替えるには、タスクバーのアイコンをクリックします。

クリックでアプリケーションの選択（切り替え）

◆ ウィンドウの最大化

ウィンドウを画面いっぱいに表示する場合は、最大化ボタンをクリックします。

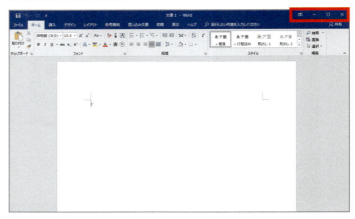

◆ ウィンドウの最小化

画面をかくす場合は、最小化ボタンをクリックします。

画面から消えますが、アプリケーションは終了していません。

タスクバーのアイコンをクリックすると画面に表示されます。

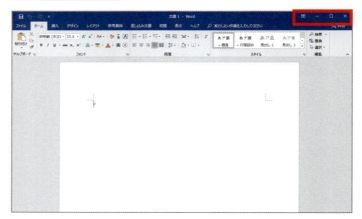

Point　終了のときは「閉じる」ボタン

アプリケーションを終了する場合には、「閉じる」ボタンをクリックします。

もし、「閉じる」ボタンをクリックした場合に、ファイルが保存されていなかったときは、右図のような保存のためのウィンドウが表示されます。

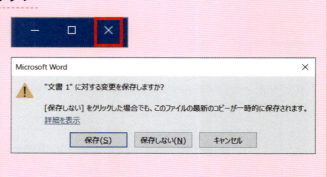

◆ アプリケーションの切り替えでこまったら

アプリケーションの切り替えでこまったら、Alt+Tabキー（Altキーを押しながらTabキーを押す）を押してみましょう。現在起動中のアプリケーションの一覧が表示されます。Altキーを押しながらTabキーを何度か押して、使用したいアプリケーションに切り替えます。

> **Point** Windowsの設定とセキュリティ
>
> スタートメニューには、Windowsの設定を行うアイコンがあります。
> 自分でコンピュータを管理するときは、このアイコンをクリックすると各種設定が行えます。
> 特に、セキュリティ対策のため「更新とセキュリティ」を実行して、Windowsを最新の状態にしてください。

2-2 ファイル／フォルダーの作成と移動

Windowsでは、ファイルやフォルダーが数多く保存されています。ファイルとは文字や画像、音声などのデータです。フォルダーは複数のファイルをまとめる入れものです。

◆ エクスプローラーの起動

ファイルの作成や削除などの操作をするアプリケーションはエクスプローラーです。

スタートメニューからの起動できますが、Windowsキーを押しながらEキーを押しても起動します。

クリック

◆ フォルダーの作成

新しいフォルダーを作成する場合は、[ホーム] タブの [新しいフォルダー] で作成できます。

◆ 削除

ファイルやフォルダーを削除する場合は、デスクトップにあるゴミ箱にドラッグして入れます。ごみ箱の上に重ねドラッグをやめると、ゴミ箱に入ります。

◆ コピー・貼り付け

ファイルのコピーは、ファイルを選択し、[ホーム] タブで [コピー] をクリックします。

コピー先のフォルダに移動し、[ホーム] タブから、[貼り付け] をクリックすれば、コピーが実行されます。

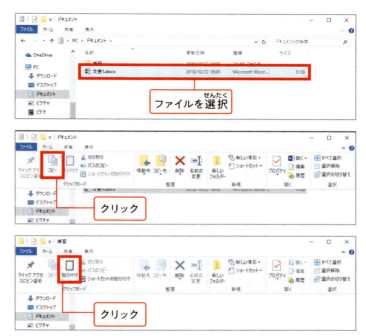

◆ 移動 (切り取り・貼り付け)

ファイルの移動は、ファイルを選択し、[ホーム] タブの [切り取り] をクリックします。

コピー先のフォルダーに移動し [ホーム] タブの、[貼り付け] をクリックすれば移動が実行されます。

43

2-3 ファイル／フォルダーの表示の変更

エクスプローラーでファイルやフォルダーの閲覧ができます。表示方法を変更し利用できます。

◆ 表示の変更

［表示］タブでファイルやフォルダーの表示方法が変更できます。

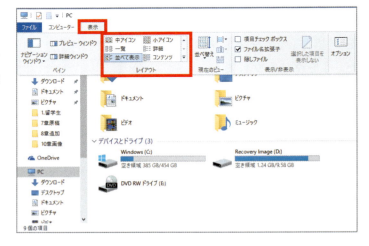

大アイコン

一覧

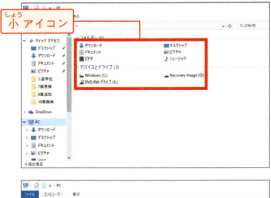

小アイコン

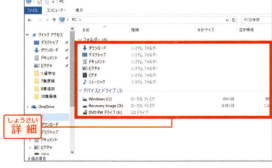

詳細

◆ 名前の変更

ファイルやフォルダーの名前の変更は、[ホーム]タブの[名前の変更]で行います。

◆ 並べ替え

ファイルやフォルダーの並び順の変更は、[表示]タブの「並べ替え」をクリックします。

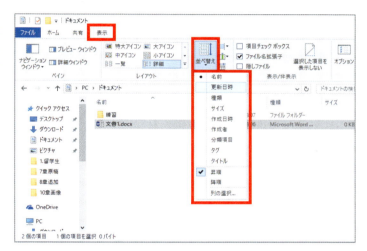

> **Point** 右クリックの利用
>
> ファイルやフォルダーを選択し、右クリックをすると、[コピー]や[移動]、[貼り付け]のメニューが表示されます。[ホーム]タブのボタンと同じ操作ができます。
>
>

2-4 ファイルの拡張子

Windowsでは、ファイルをダブルクリックすると関連づけられたアプリケーションで起動します。これはファイルとアプリケーションの関連を拡張子で判別しているからです。拡張子とはファイル名の右の「.」につづく3文字か4文字の英数字です。アプリケーションごとにその英数字は決められています。

◆ 拡張子の表示

拡張子を表示するには［表示］タブの［ファイル名拡張子］にチェックを入れます。

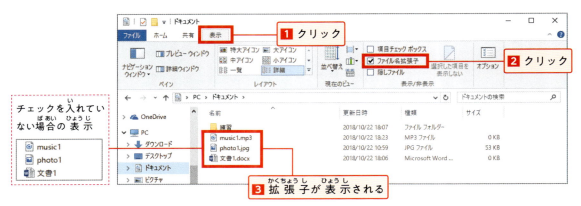

◆ 拡張子のリスト

アプリケーションごとに拡張子は決められています。
主なアプリケーションと拡張子の一覧です。

拡張子	主なアプリケーション
.txt	メモ帳
.doc	Word
.docx	Word
.xls	Excel
.xlsx	Excel
.ppt	PowerPoint
.pptx	PowerPoint
.jpg	フォト

拡張子	主なアプリケーション
.jpeg	フォト
.gif	フォト
.png	フォト
.bmp	フォト
.mp3	Windows Media Player
.mpg	Windows Media Player
.mpeg	Windows Media Player
.zip	エクスプローラー

◆ 関連づけの変更

拡張子とアプリケーションの関連は、次の手順で変更できます。

変更したい拡張子のファイルを右クリックし、[プログラムから開く]→[別のプログラムを選択]をクリックします。

次に[その他のオプション]や[その他のアプリケーション]で変更したいアプリケーションを選択します。

[常にこのアプリケーションを使ってxxxを開く]にチェックを入れると、次回からダブルクリックしたときに、指定したアプリケーションで開きます。

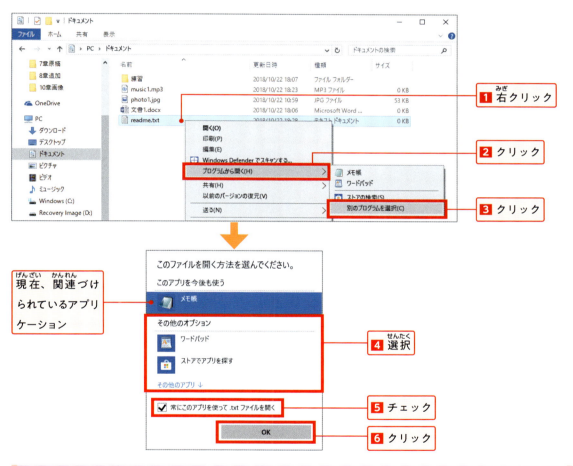

> **Point** 拡張子の変更
>
> ファイル名の変更で、拡張子を変更した場合、右図のようなメッセージが表示されることがあります。
>
> もし、変更しないときは「いいえ」をクリックします。変更するときは「はい」をクリックします。

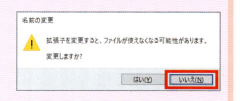

47

3章

Excel編

3-1	Excelの基本	49
3-2	セル操作の基本	67
3-3	セルの編集	95
3-4	表の編集	107
3-5	式と計算の基本	121
3-6	相対参照・絶対参照	139
3-7	表の式と計算	149
3-8	グラフ機能	157
3-9	棒グラフ	167
3-10	折れ線グラフ・箱ひげ図	179
3-11	シート間の参照と画像・図形の挿入	187
3-12	関数と数式の基本	199
3-13	条件分岐と論理式	213
3-14	データの抽出	223
3-15	データの並べ替え	235

3-1 Excelの基本

Excelの基本操作や画面について学びます。

学ぶこと
- 3-1-1 Excelの起動と終了、保存フォルダーの作成
- 3-1-2 Excelの画面
- 3-1-3 シートの作成と削除
- 3-1-4 ブックの保存
- 3-1-5 ブックの読み込み
- 3-1-6 シートの印刷
- 3-1-7 テンプレート

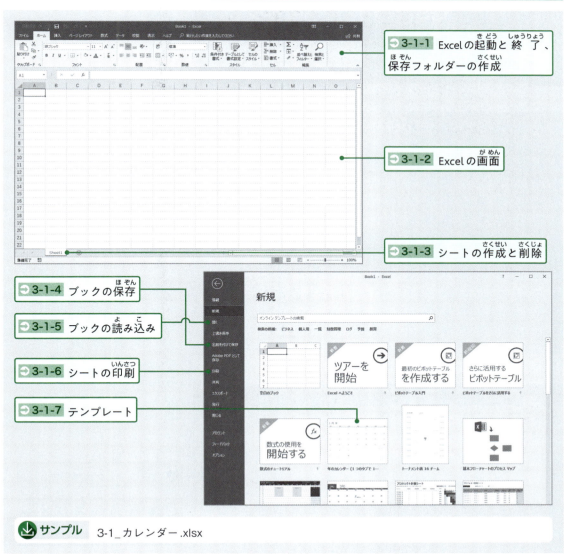

サンプル 3-1_カレンダー.xlsx

3-1-1 Excelの起動と終了、保存フォルダーの作成

Excelの起動と終了

Excelの起動と終了方法を学びます。

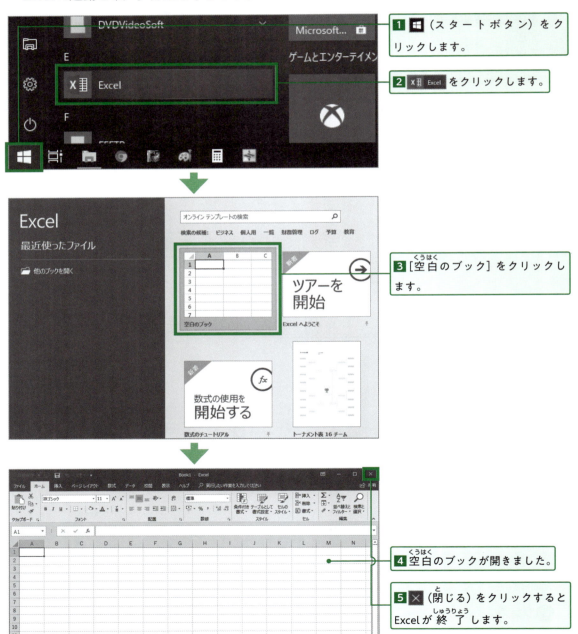

1 ⊞（スタートボタン）をクリックします。

2 X∄ Excel をクリックします。

3 [空白のブック]をクリックします。

4 空白のブックが開きました。

5 ×（閉じる）をクリックするとExcelが終了します。

「ドキュメント」に自分用の保存フォルダーを作成

これから学習するブックを、「ファイルとして保存」するためのフォルダを準備します。「ドキュメント」フォルダーにファイル保存用のフォルダーを作成しましょう。手順は次の通りです。

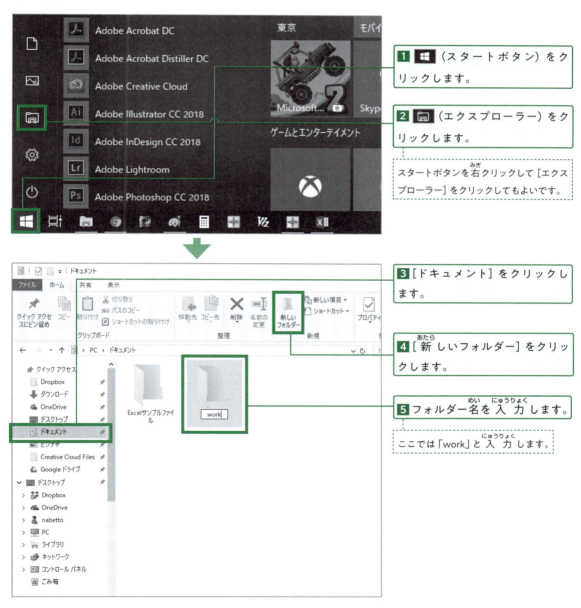

1 ■（スタートボタン）をクリックします。

2 ■（エクスプローラー）をクリックします。

スタートボタンを右クリックして［エクスプローラー］をクリックしてもよいです。

3 ［ドキュメント］をクリックします。

4 ［新しいフォルダー］をクリックします。

5 フォルダー名を入力します。

ここでは「work」と入力します。

3-1-2 Excelの画面

Excelの画面の各部は、それぞれの役割があります。Excelを始める前にExcelの画面の各部の役割を理解しましょう。

Excelの構成要素

Excelの画面の各部には次のような名前が付いています。また各部にはそれぞれの役割があります。

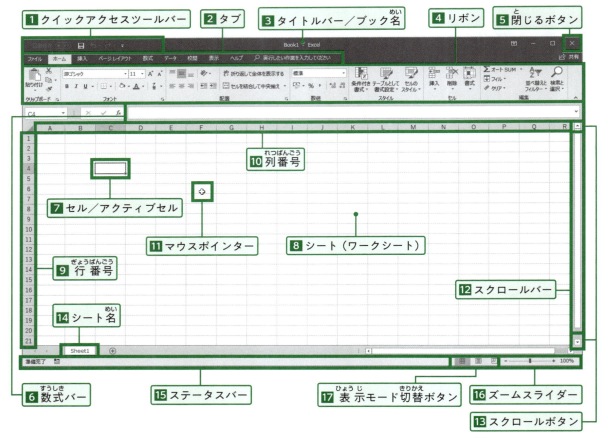

1 クイックアクセスツールバー
よく使うコマンドを登録することができます。

2 タブ
クリックするとリボンを切り替えることができます。

3 タイトルバー／ブック名
ファイル名（ブック名）が表示されます。

4 リボン
操作に必要なコマンドが機能別にグループ化されて配置されています。

5 閉じるボタン
クリックするとExcelが終了します。

6 数式バー
選択されているセルに入力されているデータや数式が表示されます。

7 セル／アクティブセル
ひとつひとつのマス目のことをセルといいます。黒枠で囲まれたセルをアクティブセルといいます。

8 シート（ワークシート）
セル全体のことをシートといいます。

9 行番号
横のセルの集まりを行といいます。行番号は数字で表されます。

10 列番号
縦のセルの集まりを列といいます。列番号はアルファベットになっています。

11 マウスポインター
マウスの位置が表示されます。

12 スクロールバー
ドラッグして上下に動かすと、画面が上下にスクロールします。

13 スクロールボタン
［▲］［▼］ボタンで画面が上下にスクロールします。

14 シート名
シート（ワークシート）名が表示されます。

15 ステータスバー
セルの状態などが表示されます。

16 ズームスライダー
ドラッグすると画面の表示倍率が変わります。右側に倍率が表示されます。

17 表示モード切替ボタン
クリックすると画面の表示モードが切り替わります。詳しくは下記のPointを参照してください。

Point 表示モード切替ボタン

17の「表示モード切替ボタン」では、3つの表示モードが用意されています。ページレイアウトで印刷イメージを確認したり、改ページプレビューで印刷範囲を調整できます。

標準
通常の表示です。

ページレイアウト
印刷用紙のイメージで余白を調整できます。

改ページプレビュー
ページの境界線（青）をドラッグして調整できます。

3-1-3 シートの作成と削除

シートとブック

　Excelでは、セルがたくさん集まったものをシート、またはワークシートと呼びます。シート名は、Excelの左下のタブで確認できます。

　そして、シートが集まったものがブック、またはワークブックといいます。ブック名とファイル名は同じです。ブック名はタイトルバーで確認できます。

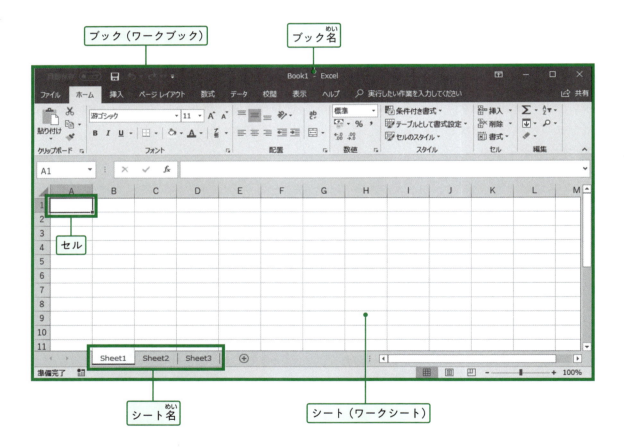

シートの追加

起動したとき、Excelのシートは1つですが、簡単に増やすことができます。手順は次の通りです。

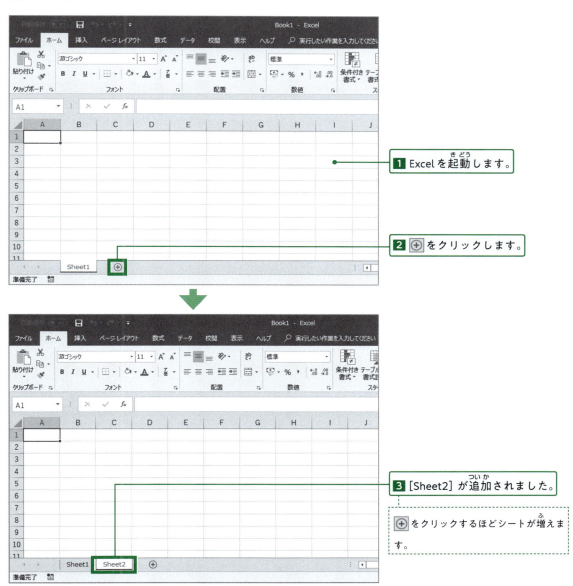

1 Excelを起動します。

2 ⊕ をクリックします。

3 [Sheet2] が追加されました。

⊕ をクリックするほどシートが増えます。

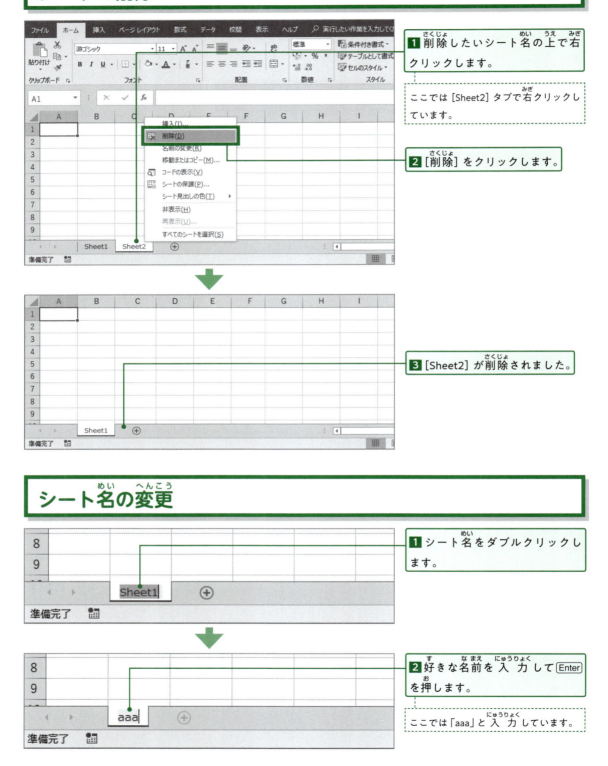

Point ショートカットキー一覧

ショートカットキーとは、キーボードのキーを組み合わせて行う操作です。マウスに手を伸ばさず行えるので、覚えると、作業がとてもスピードアップします。たとえば、Ctrl + N と書いてある場合、Ctrl キーを押しながら、N キーを押します。たくさんのショートカットキーがありますが、下記はその一部です。

キー	操作	キー	操作
Ctrl + N	新規作成	F2	編集モードにする
Ctrl + O	ファイルを開く	Ctrl + D	1つ上のセルを複写
Ctrl + W	ブックを閉じる	Ctrl + R	1つ左のセルを複写
Alt + F4	Excelの終了	Ctrl + ;	今日の日付を入力
F12	名前を付けて保存	Ctrl + :	現在の時刻を入力
Ctrl + S	上書き保存	Shift + F3	関数の入力
Ctrl + X	切り取り	Alt + Shift + =	SUM関数の入力
Ctrl + C	コピー	Alt + Enter	セル内で改行
Ctrl + V	貼り付け	Ctrl + F	検索
Ctrl + Z	元に戻す	Ctrl + H	置換
Ctrl + Y	やり直し	Ctrl + D	ジャンプ
Ctrl + P	印刷	Ctrl + 1	書式設定を開く
F4	操作の繰り返し	Shift + ↑↓←→	選択範囲の拡張
Ctrl + Home	「A1」のセルに移動	Ctrl + A	シート全体を選択
Ctrl + End	最後のセルに移動	Ctrl + Space	列を選択
Ctrl + B	太字	Shift + Space	行を選択
Ctrl + I	斜体	Shift + F11	新規シートの挿入
Ctrl + U	下線	Shift + F10	右クリックメニュー

Point ［上書き保存］ボタンですばやく保存

上書き保存はショートカットキー Ctrl + S でもすばやくできますが、クイックアクセスツールバーの［上書き保存］ボタンも、クリックするだけですばやく上書き保存ができます。このようにExcelには1つの操作に複数のやり方が用意されています。

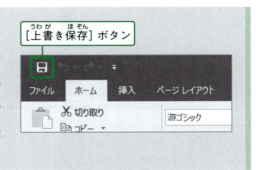
［上書き保存］ボタン

3-1-4 ブックの保存

ブックの保存には、「名前を付けて保存」と、「上書き保存」があります。はじめてブックを保存する場合、あるいは、別のブック名を付けて保存したいときは、「名前を付けて保存」を行います。一度保存をしたブックは、上書き保存をすることができます。上書き保存を行うとブックの内容だけが更新されます。

「名前を付けて保存」の手順

ファイル名を付けてブックを保存します。ファイル名がそのままブック名になります。

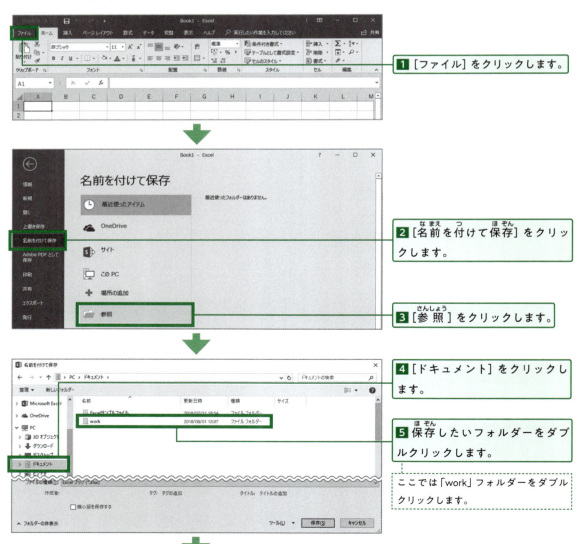

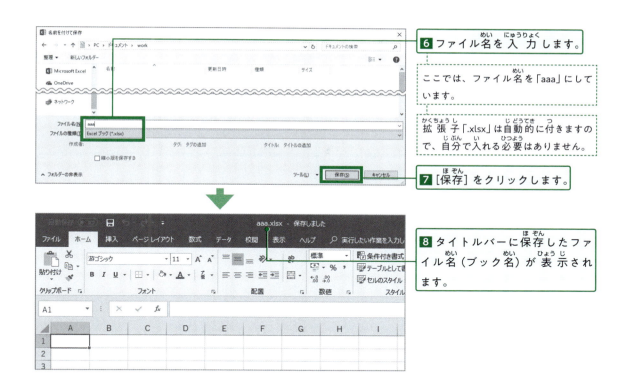

6 ファイル名を入力します。

ここでは、ファイル名を「aaa」にしています。

拡張子「.xlsx」は自動的に付きますので、自分で入れる必要はありません。

7 [保存]をクリックします。

8 タイトルバーに保存したファイル名（ブック名）が表示されます。

「上書き保存」の手順

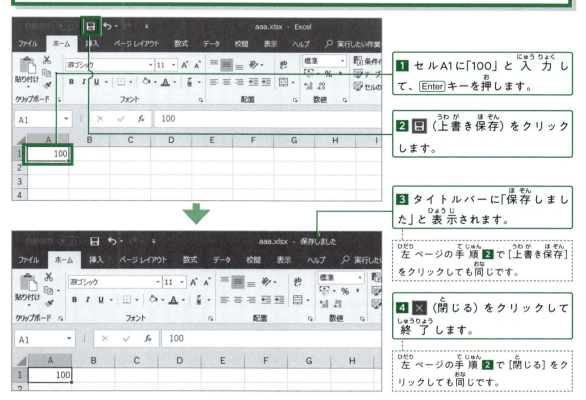

1 セルA1に「100」と入力して、Enterキーを押します。

2 🖫（上書き保存）をクリックします。

3 タイトルバーに「保存しました」と表示されます。

左ページの手順 2 で[上書き保存]をクリックしても同じです。

4 ✕（閉じる）をクリックして終了します。

左ページの手順 2 で[閉じる]をクリックしても同じです。

3-1-5 ブックの読み込み

Excelで作成したブックは、Excelに読み込んで再度編集することができます。

「読み込み」の手順

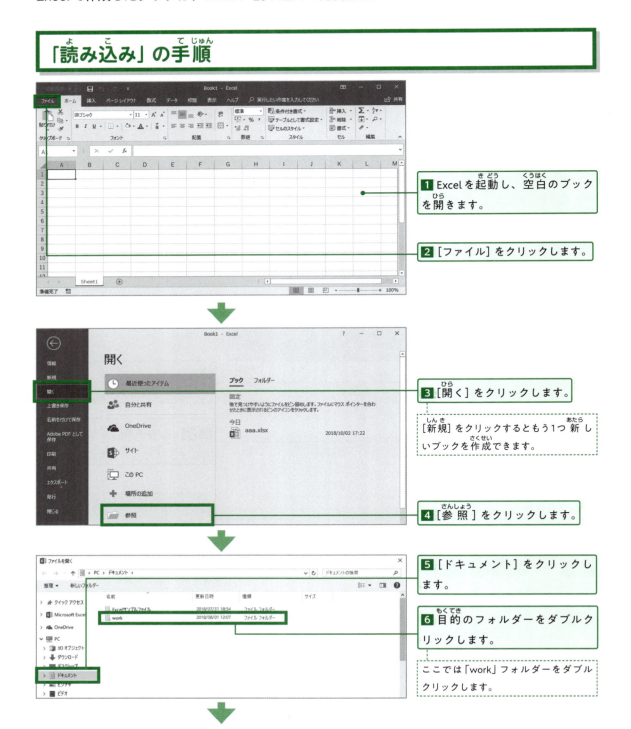

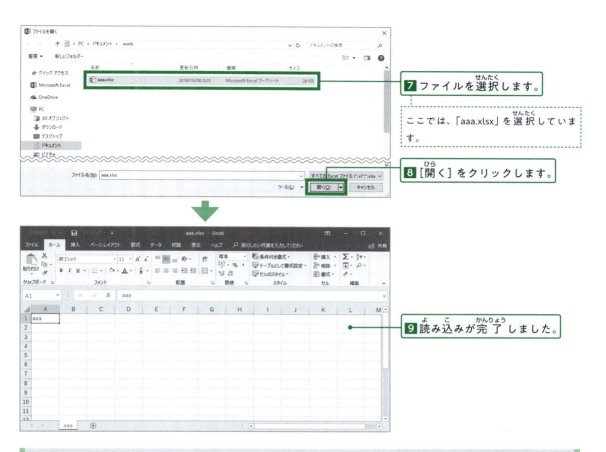

7 ファイルを選択します。

ここでは、「aaa.xlsx」を選択しています。

8 [開く]をクリックします。

9 読み込みが完了しました。

> **Point** フォルダーから直接起動

エクスプローラーで保存したフォルダーを開き、ファイルをダブルクリックしても、ブックを読み込むことができます。

ダブルクリック

> **Point** ダウンロードしたファイルを開く場合

インターネットから入手したファイルは、コンピューターを保護するために「読み取り専用」として保護ビューで開かれます。この状態では文書作成ができませんので、[編集を有効にする]ボタンをクリックします。

3-1-6 シートの印刷

Excelで作成したシート(ブック)は印刷を行うことができます。

「印刷」の手順

📥 サンプル 3-1_カレンダー.xlsx

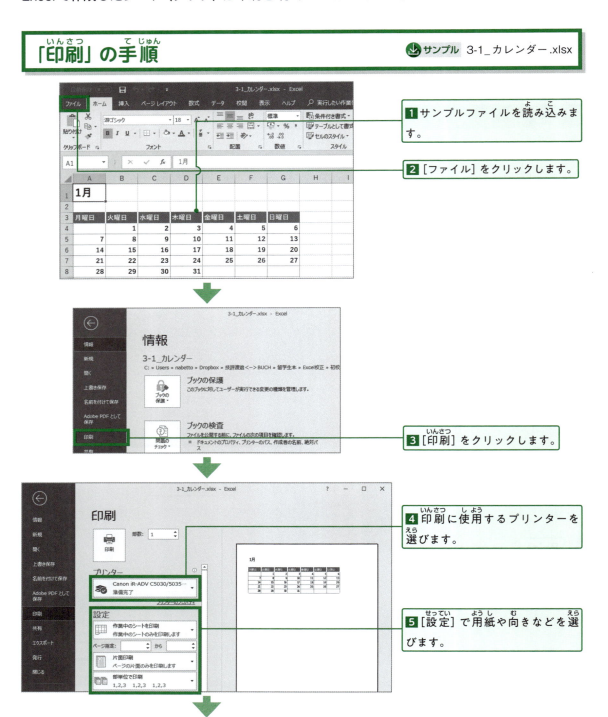

1 サンプルファイルを読み込みます。

2 [ファイル]をクリックします。

3 [印刷]をクリックします。

4 印刷に使用するプリンターを選びます。

5 [設定]で用紙や向きなどを選びます。

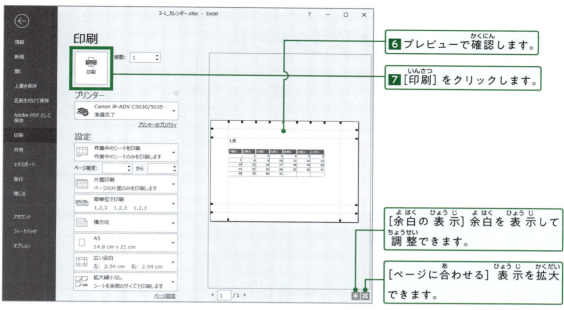

6 プレビューで確認します。

7 [印刷]をクリックします。

[余白の表示] 余白を表示して調整できます。

[ページに合わせる] 表示を拡大できます。

> **Point** 印刷の設定

印刷の画面では、印刷部数や用紙サイズなどの印刷に関する設定ができます。

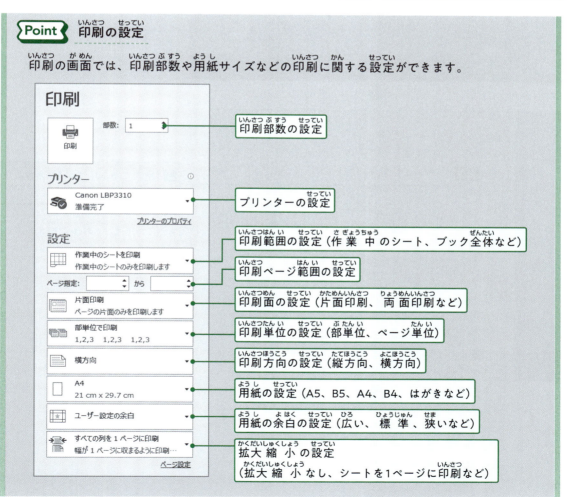

- 印刷部数の設定
- プリンターの設定
- 印刷範囲の設定（作業中のシート、ブック全体など）
- 印刷ページ範囲の設定
- 印刷面の設定（片面印刷、両面印刷など）
- 印刷単位の設定（部単位、ページ単位）
- 印刷方向の設定（縦方向、横方向）
- 用紙の設定（A5、B5、A4、B4、はがきなど）
- 用紙の余白の設定（広い、標準、狭いなど）
- 拡大縮小の設定
  （拡大縮小なし、シートを1ページに印刷など）

3-1-7 テンプレート

テンプレートを利用するとシート（ブック）の作成が楽に行えます。Excelにはさまざまなテンプレートが用意されています。Excelでは起動したときに、テンプレートを選択することができます。

テンプレートの選択

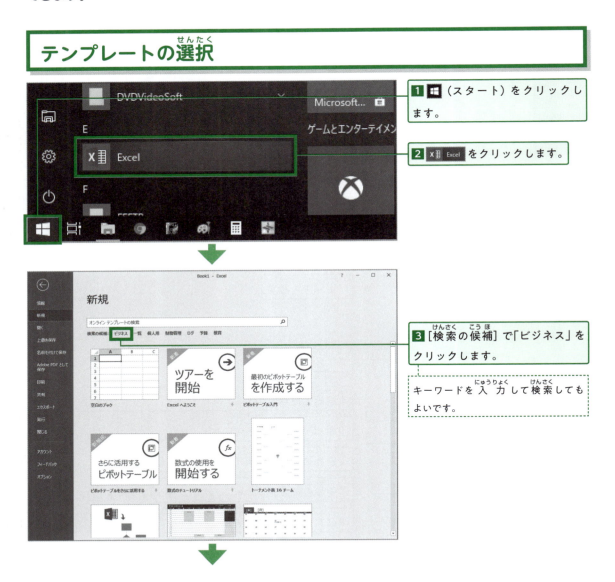

1. ⊞（スタート）をクリックします。

2. X∃ Excel をクリックします。

3. [検索の候補]で「ビジネス」をクリックします。

キーワードを入力して検索してもよいです。

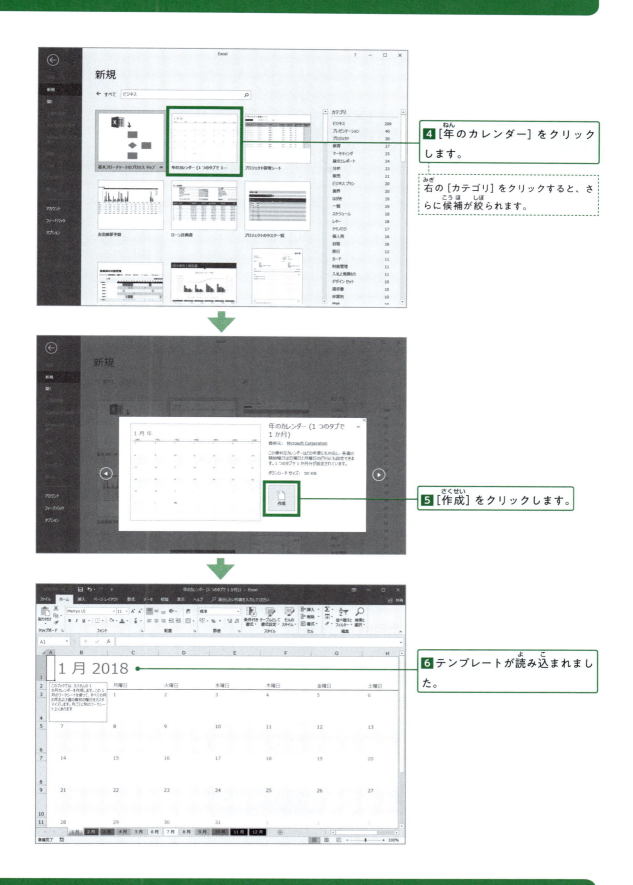

練習問題

 さまざまなテンプレートを選択してみましょう。

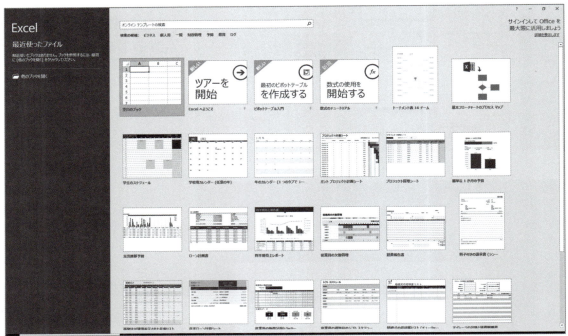

 画面の表示倍率を100%から200%に変えてみましょう。

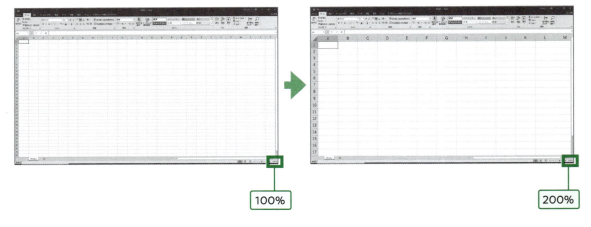

100%　　　200%

3-2 セル操作の基本

ここでは、セルの操作、入力の基本について学びます。消去と修正、コピーと移動、オートフィルなどについて学びます。

学ぶこと
- 3-2-1 セルとシートの基本
- 3-2-2 データの入力と修正
- 3-2-3 データの消去、セルの削除・挿入
- 3-2-4 データのコピーと移動
- 3-2-5 オートフィル
- 3-2-6 セルの表示形式

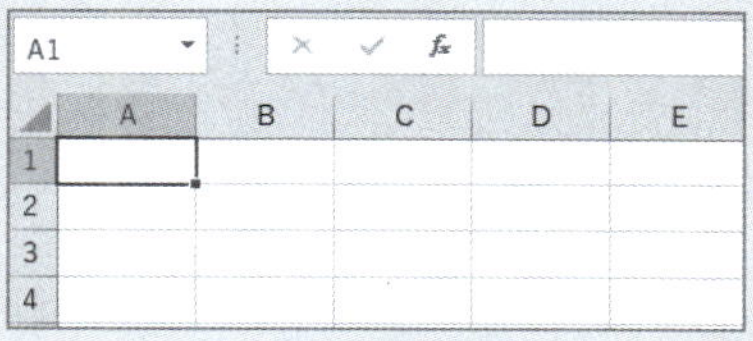

3-2-1 セルとシートの基本

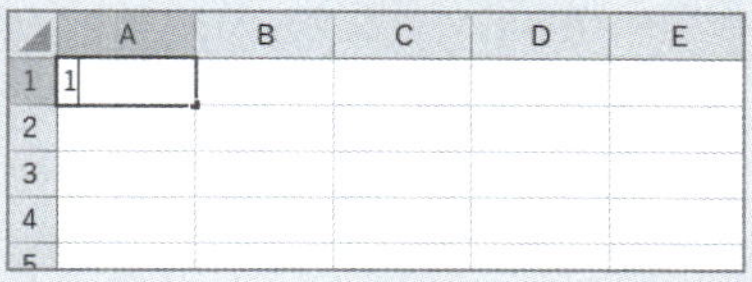

3-2-2 データの入力と修正

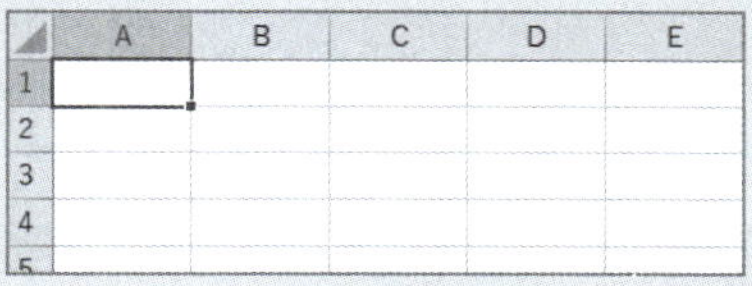

3-2-3 データの消去、セルの削除・挿入

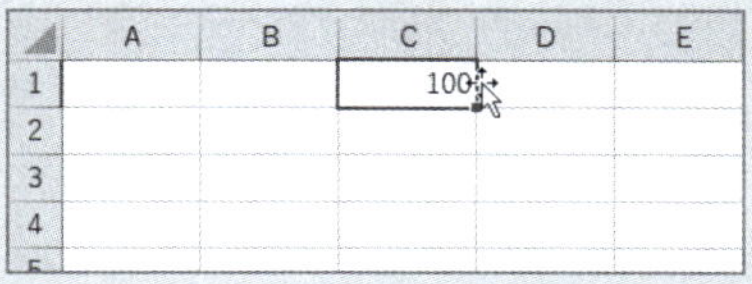

3-2-4 データのコピーと移動

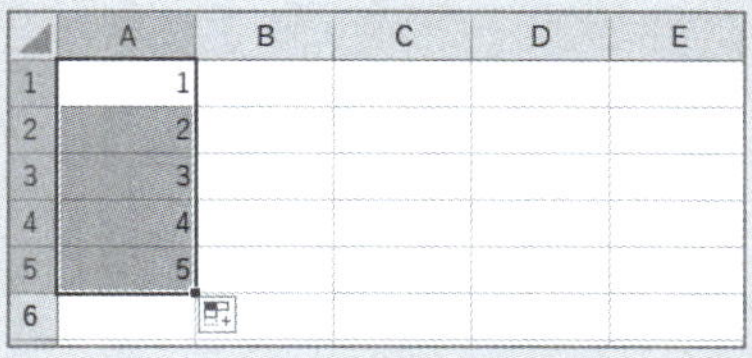

3-2-5 オートフィル

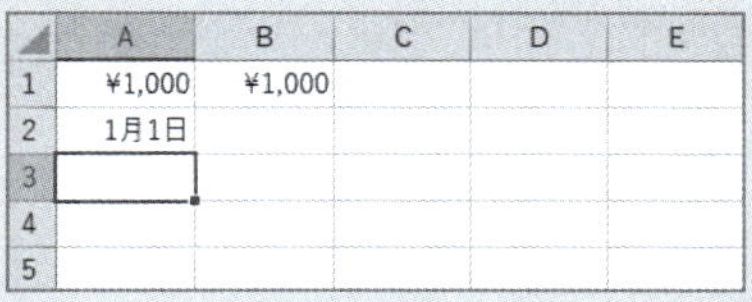

3-2-6 セルの表示形式

3-2-1 セルとシートの基本

セルとシートの名称や操作の基本を学びます。

アクティブセル

　Excelのシートを構成している四角を「セル」といいます。周りが太線で囲まれているセルを「アクティブセル」といいます。アクティブセルは操作対象となるセルです。↓↑←→キーやマウスクリックで移動することができます。また、入力するときによく使用するのが Enter と Tab キーです。アクティブセルは Enter キーを押すと下に、Tab キーを押すと右に移動します。
　シートの上に表示される太い四角はセルポインターや、単にカーソルなどとも呼ばれています。マウスポインターや文字カーソルなどと混同しないように注意しましょう。

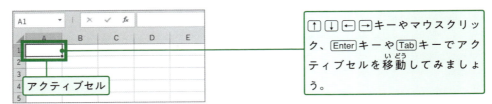

↑↓←→キーやマウスクリックや、Enter キーや Tab キーでアクティブセルを移動してみましょう。

セル番地

　セルにはすべて、決められた番号があります。シートの上のアルファベット（列番号）と左の数字（行番号）を利用します。例えば一番左上のセルは「A1」です。表し方は列番号＋行番号となります。
　アクティブセルのセル番地では、「列番号」と「行番号」が濃くなっています。また、[名前ボックス]にセル番地が表示されます。以下で確認してみましょう。

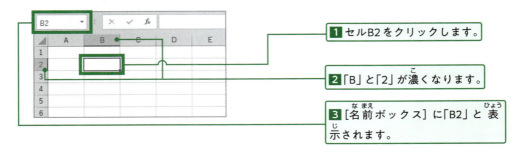

1 セルB2をクリックします。

2 「B」と「2」が濃くなります。

3 [名前ボックス]に「B2」と表示されます。

セルの選択

セルを選択するには、マウスでドラッグします。また、行番号や列番号をクリックすることで、セルをまとめて選ぶこともできます。

◆ ドラッグして選択

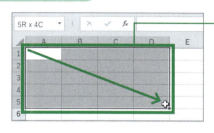

1 セルをドラッグします。

ここではセルA1からD5をドラッグしています。

2 どこかセルをクリックすると選択が解除されます。

◆ 列の選択

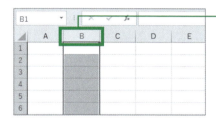

1 列番号をクリックします。

ここでは「B」をクリックします。

2 B列がすべて選択されます。

3 どこかセルをクリックすると選択が解除されます。

◆ 行の選択

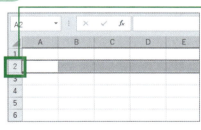

1 行番号をクリックします。

ここでは「2」をクリックします。

2 2行目がすべて選択されます。

3 どれかセルをクリックすると選択が解除されます。

◆ シート全体の選択

1 ◢（すべて選択）をクリックします。

2 シートのすべてのセルが選択されます。

3 どれかセルをクリックすると選択が解除されます。

3-2-2 データの入力と修正

Excelには文字を入力するときに、複数のモードがあります。ここでは、入力モードと編集モードについて学習します。

セルに文字を入力（入力モード）

標準的な入力方法が入力モードです。実際にやってみましょう。

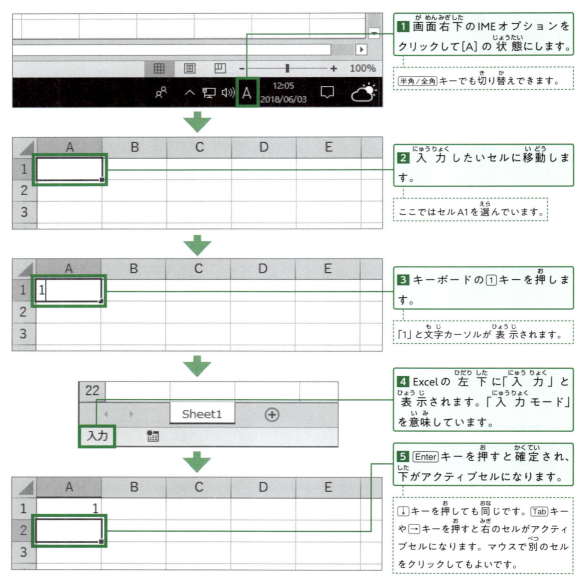

1. 画面右下のIMEオプションをクリックして[A]の状態にします。
   （半角/全角キーでも切り替えできます。）

2. 入力したいセルに移動します。
   （ここではセルA1を選んでいます。）

3. キーボードの①キーを押します。
   「1」と文字カーソルが表示されます。

4. Excelの左下に「入力」と表示されます。「入力モード」を意味しています。

5. Enterキーを押すと確定され、下がアクティブセルになります。
   （↓キーを押しても同じです。Tabキーや→キーを押すと右のセルがアクティブセルになります。マウスで別のセルをクリックしてもよいです。）

セルの内容を修正・変更（入力モード）

入力したセルを別の内容に変更します。

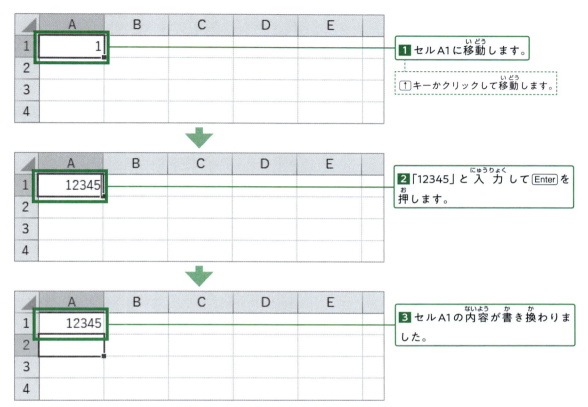

1. セルA1に移動します。
   ↑キーかクリックして移動します。

2. 「12345」と入力してEnterを押します。

3. セルA1の内容が書き換わりました。

セルの内容を修正・変更（編集モード）

「編集モード」はアクティブセルでダブルクリックするか、F2キーを押すことで切り替わります。特に、入力したデータを修正したいときに便利です。上の手順2のように、「入力モード」でセルの内容を変更すると、元の内容は消えてしまいますが、「編集モード」では、元の内容を残したまま、セルの内容を変更できます。実際にやってみましょう。

1. セルA1に移動します。

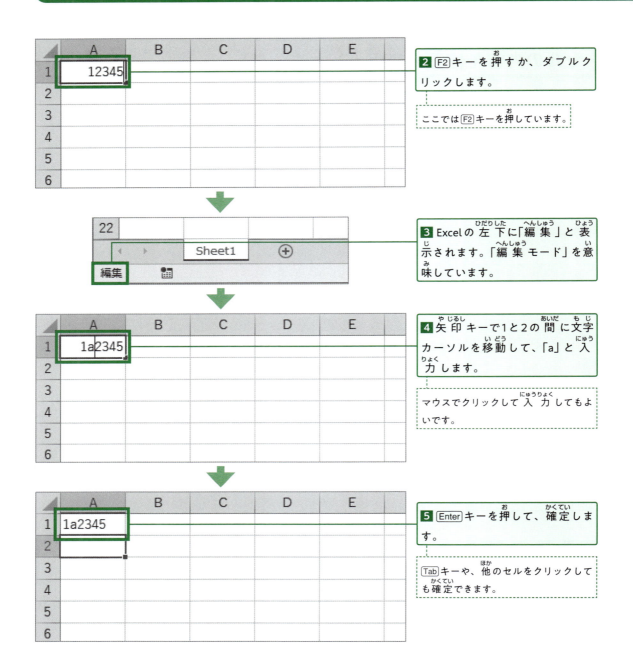

> **Point** 編集モードでの入力の確定方法
>
> 入力モードでは、矢印キーでも確定できましたが、編集モードでは、矢印キーは文字カーソルの移動になりますので、入力を確定できません。編集モードで入力を確定したい場合は、EnterやTabキーを押すか、他のセルをクリックします。

入力中のキャンセル

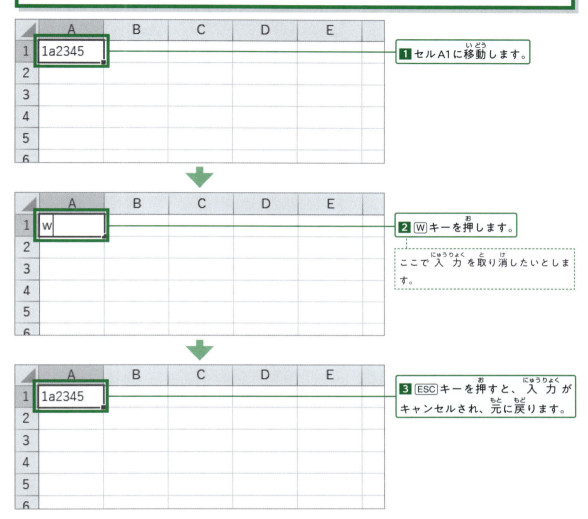

1 セルA1に移動します。

2 Wキーを押します。

ここで入力を取り消したいとします。

3 ESCキーを押すと、入力がキャンセルされ、元に戻ります。

> **Point** 確定したあとに元に戻したいとき
>
> 確定したあとに、元に戻したいときは、クイックアクセスツールバーの ↺ (元に戻す) ボタンをクリックします。

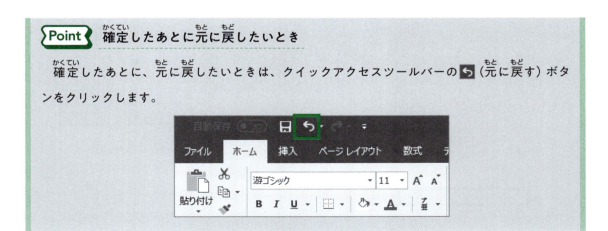

3-2-3 データの消去、セルの削除・挿入

セルに入力されているデータの消去やセルの削除・挿入を行います。

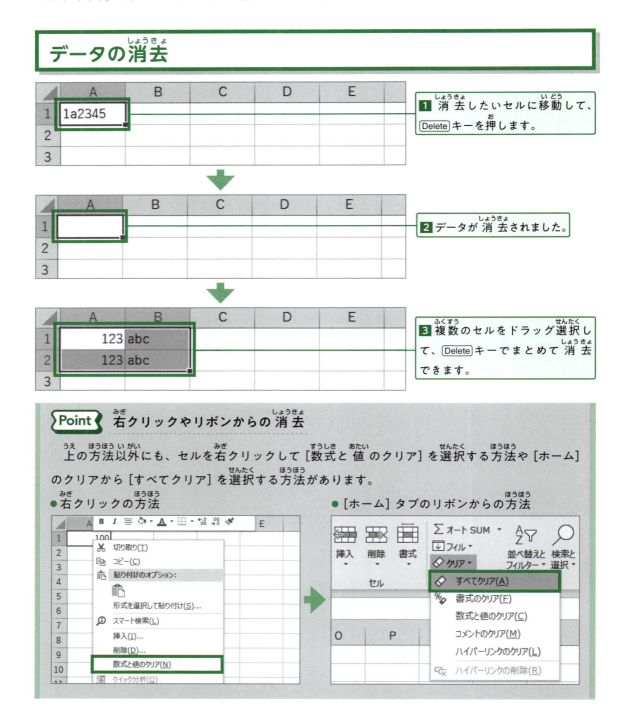

セルの削除

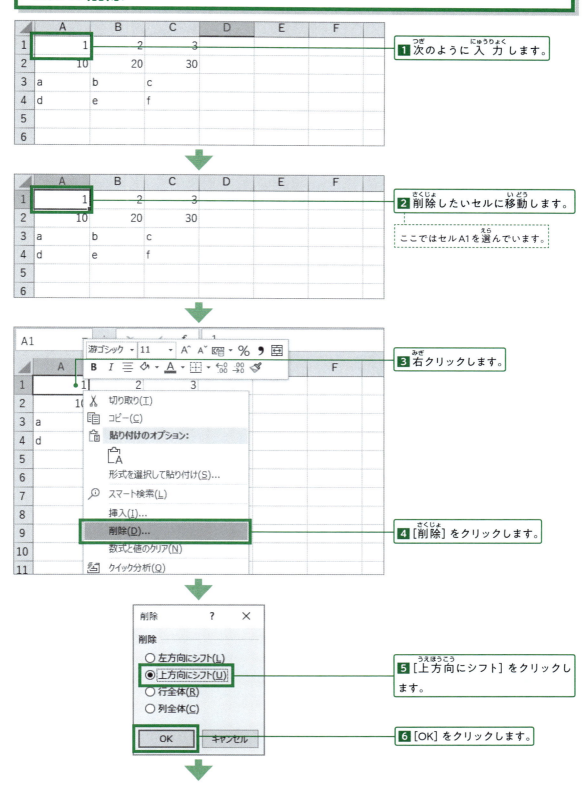

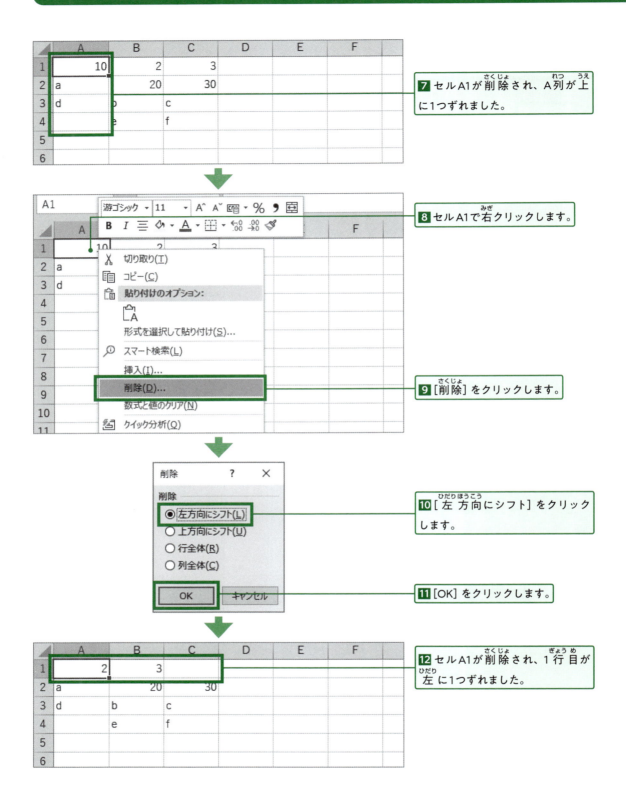

行の削除

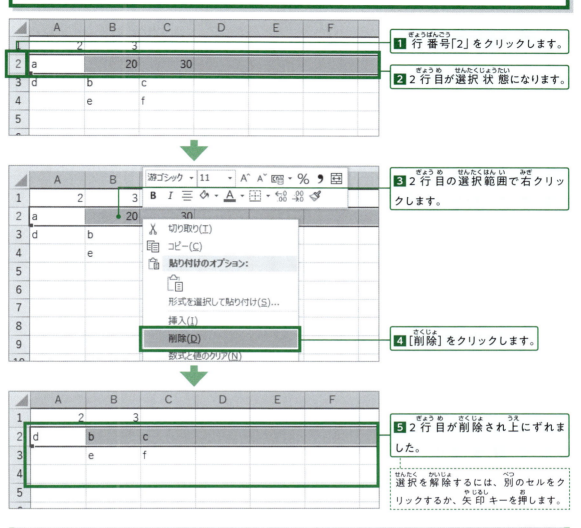

Point 数値データが大きい場合

数値データが大きいときは省略形式で表示されます。セル幅を広げると通常形式で表示されます。セルの幅はドラッグで広げることができます。

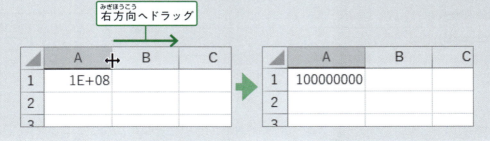

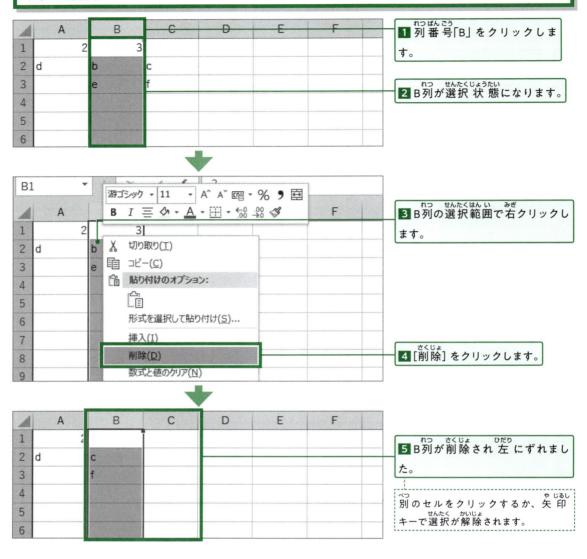

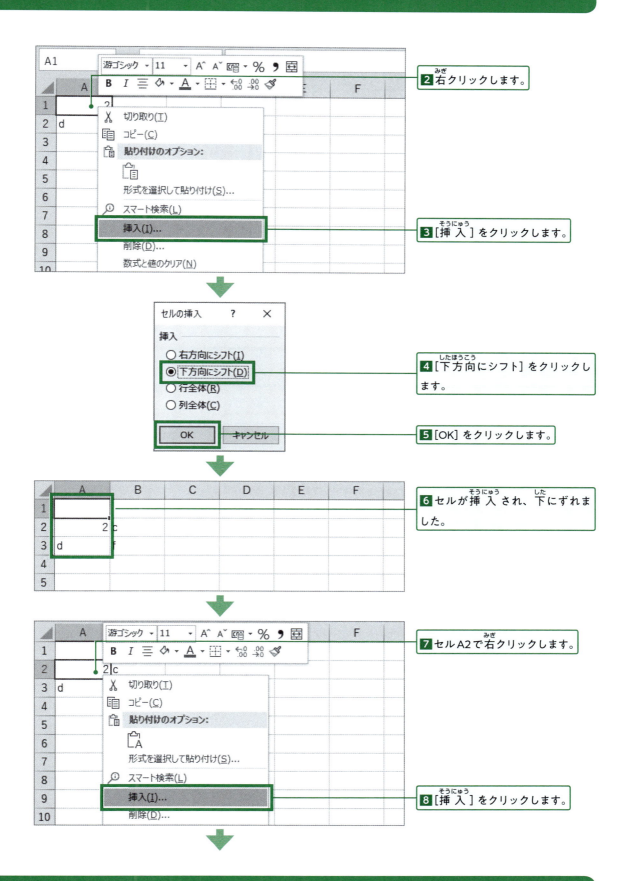

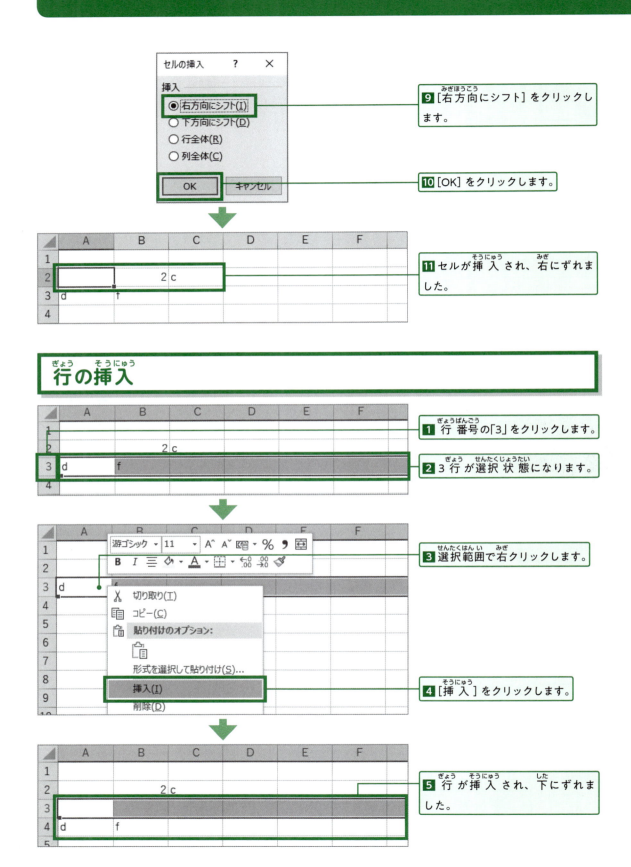

列の挿入

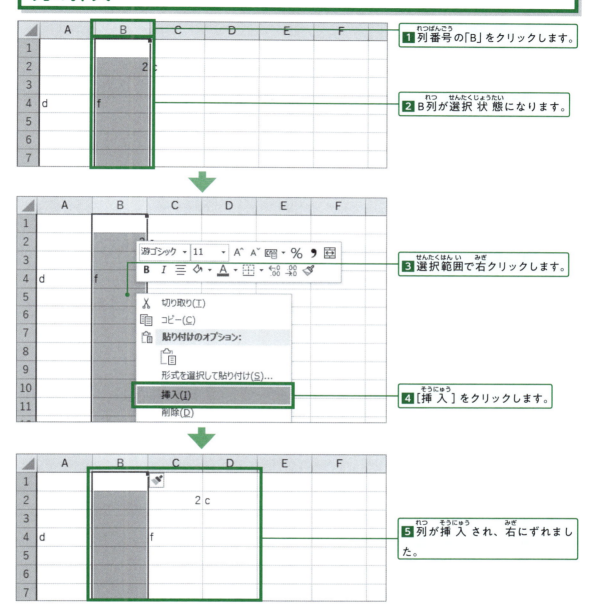

1 列番号の「B」をクリックします。
2 B列が選択状態になります。
3 選択範囲で右クリックします。
4 [挿入]をクリックします。
5 列が挿入され、右にずれました。

> **Point** リボンからの[削除]や[挿入]
>
> セルの削除や挿入はリボンからも行えます。[ホーム]タブの[セル]グループには、[挿入]や[削除]ボタンがあり、[▼]をクリックすると、右クリック同様、挿入方法や削除方法を選ぶことができます。

3-2-4 データのコピーと移動

セルに入力されているデータのコピーと移動を行います。

データのコピー（リボンのボタン）

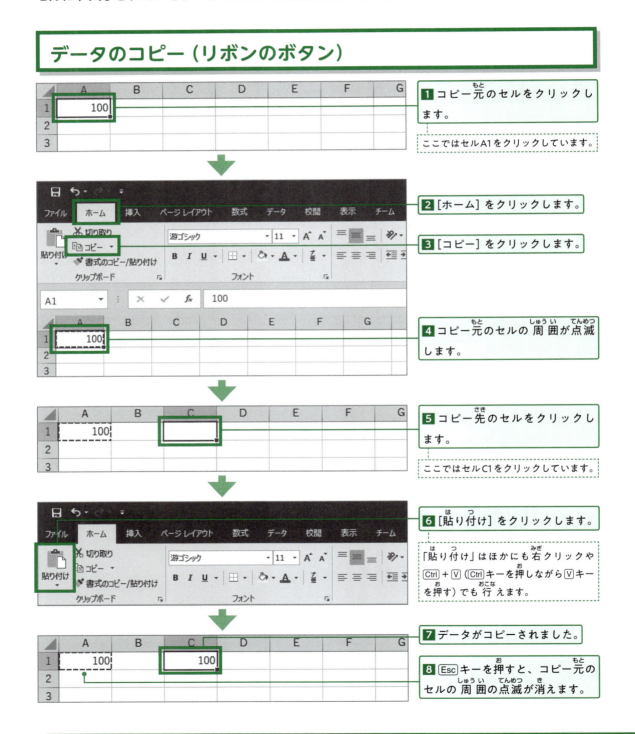

1 コピー元のセルをクリックします。
ここではセルA1をクリックしています。

2 [ホーム] をクリックします。

3 [コピー] をクリックします。

4 コピー元のセルの周囲が点滅します。

5 コピー先のセルをクリックします。
ここではセルC1をクリックしています。

6 [貼り付け] をクリックします。
「貼り付け」はほかにも右クリックやCtrl + V（Ctrlキーを押しながらVキーを押す）でも行えます。

7 データがコピーされました。

8 Escキーを押すと、コピー元のセルの周囲の点滅が消えます。

データの移動（リボンのボタン）

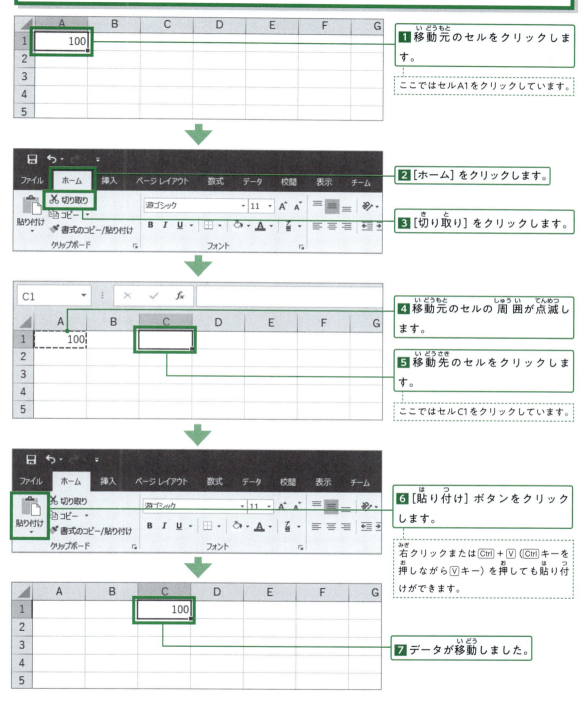

データの移動（マウスドラッグ）

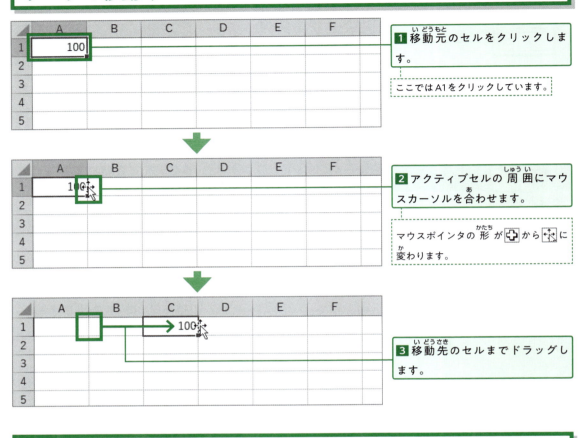

データのコピー（マウスドラッグ）

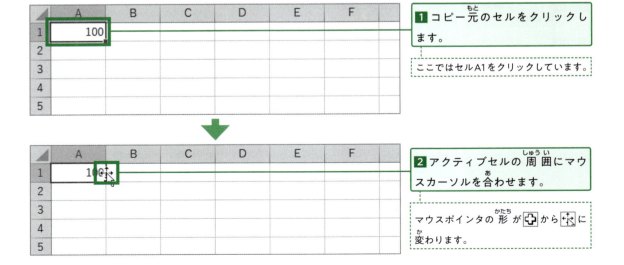

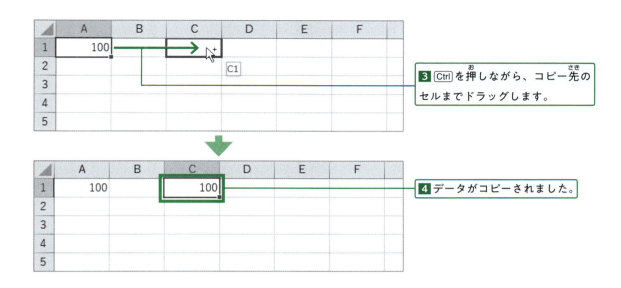

3 Ctrl を押しながら、コピー先のセルまでドラッグします。

4 データがコピーされました。

Point 右クリックやショートカットキーによる操作

「コピー」や「切り取り」「貼り付け」は、よく使う機能です。リボンからの操作だけでなく、右クリックやキーボードによるショートカットも、非常によく利用されています。ぜひ、覚えて使いこなしましょう。

● 右クリックからの操作

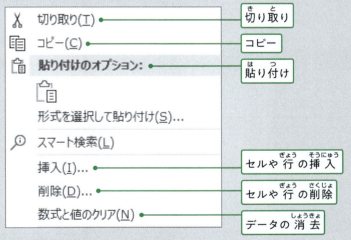

- 切り取り
- コピー
- 貼り付け
- セルや行の挿入
- セルや行の削除
- データの消去

● ショートカットキーからの操作

コピー	Ctrl + C （Ctrl を押しながら C キーを押す）
切り取り	Ctrl + X （Ctrl を押しながら X キーを押す）
貼り付け	Ctrl + V （Ctrl を押しながら V キーを押す）

3-2-5 オートフィル

オートフィルを利用すると、データを効率的に入力できます。

同一データの入力

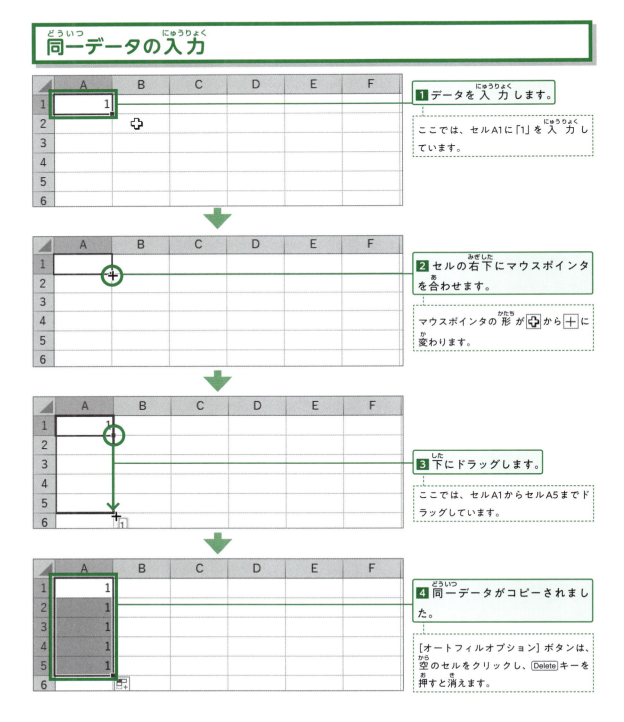

連続データの入力

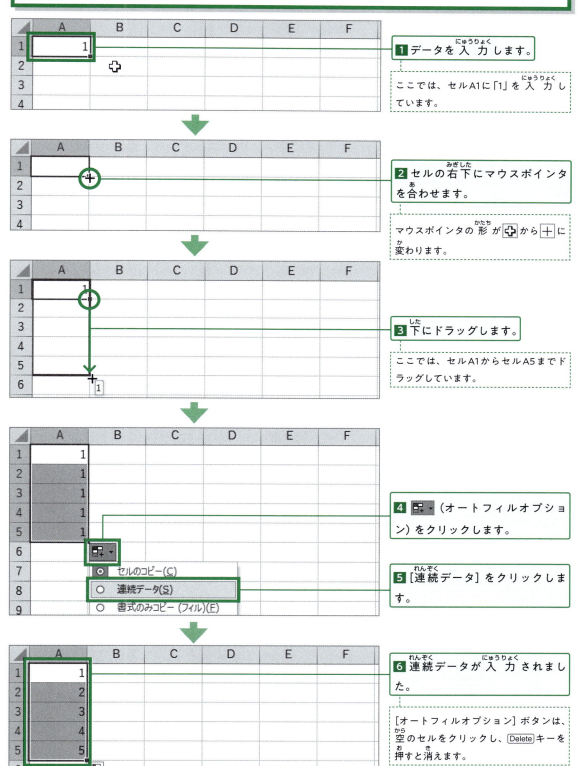

1 データを入力します。

ここでは、セルA1に「1」を入力しています。

2 セルの右下にマウスポインタを合わせます。

マウスポインタの形が ✥ から ＋ に変わります。

3 下にドラッグします。

ここでは、セルA1からセルA5までドラッグしています。

4 （オートフィルオプション）をクリックします。

5 [連続データ]をクリックします。

6 連続データが入力されました。

[オートフィルオプション]ボタンは、空のセルをクリックし、Deleteキーを押すと消えます。

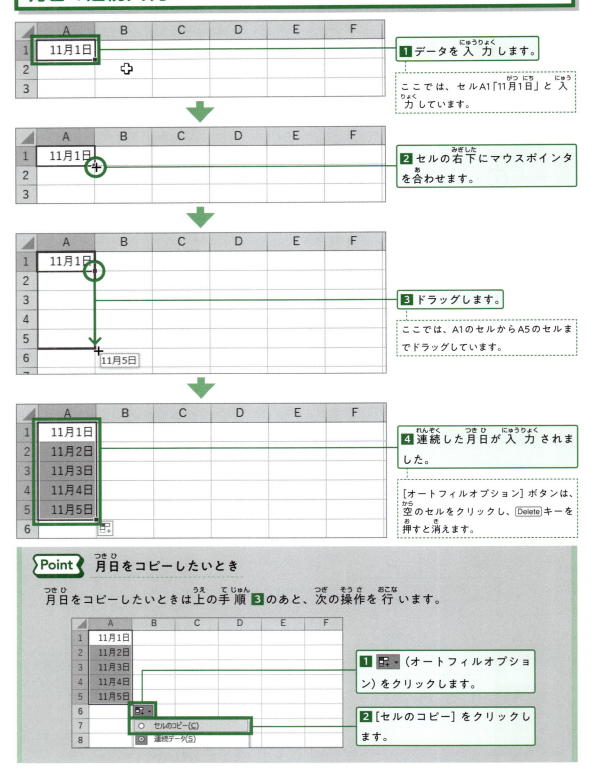

3-2-6 セルの表示形式

セルの文字が「数値」なのか「日付」なのかなどを指定することで、日付や¥マーク、桁を表す「,」記号などを文字につけることができます。入力する前でも入力したあとでも可能です。

セルの表示形式を「通貨」に設定1

セルの表示形式にはさまざまな種類があります。入力したデータを「通貨」の表示形式にしてみましょう。

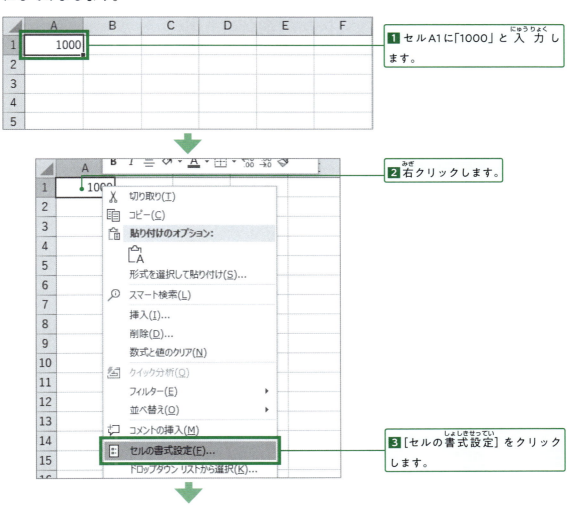

1 セルA1に「1000」と入力します。

2 右クリックします。

3 [セルの書式設定]をクリックします。

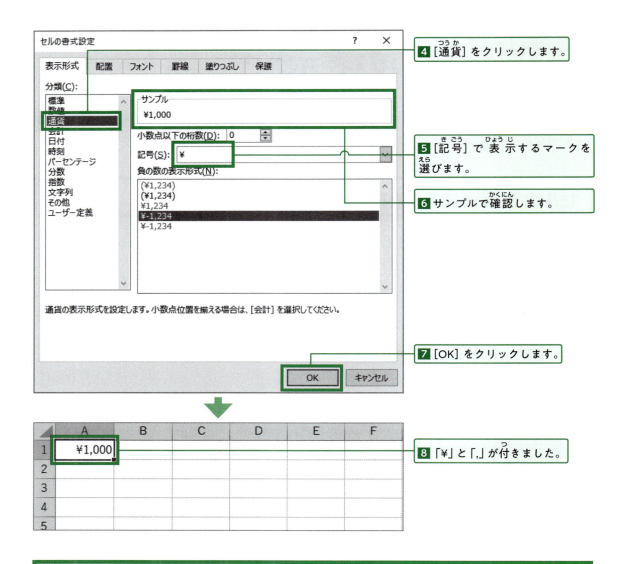

セルの表示形式を「通貨」に設定2

空白のセルの表示形式を設定することができます。セルBとCを「通貨」の表示形式にしてみましょう。

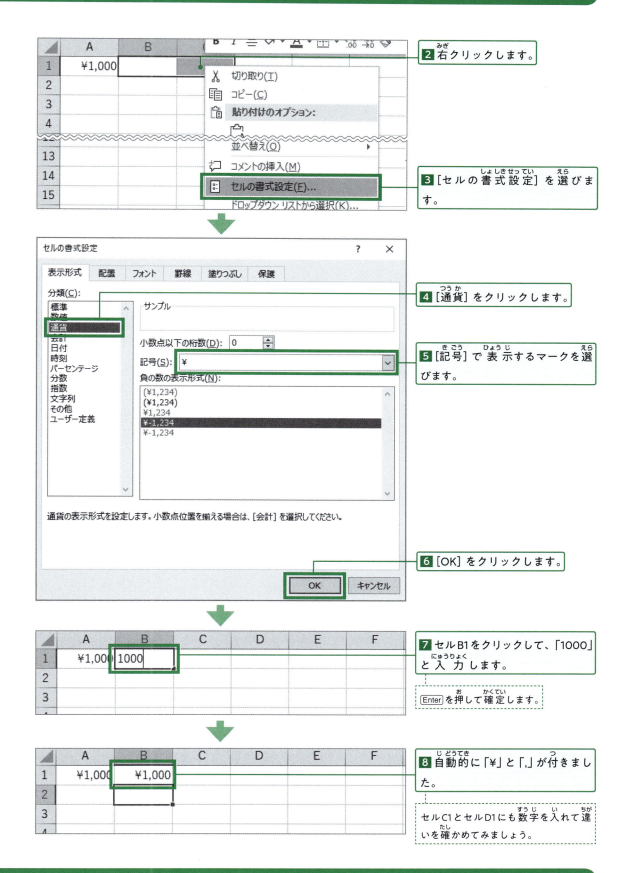

セルの表示形式を「日付」と「文字列」に設定

　Excelはセルに入れた文字によって、自動的に表示形式を決めてしまうことがあります。たとえば、「1/1」と入力すると自動で日付に変換されます。もし、そのまま表示したいときは、表示形式に「文字列」を指定します。以下で、実際にやってみましょう。

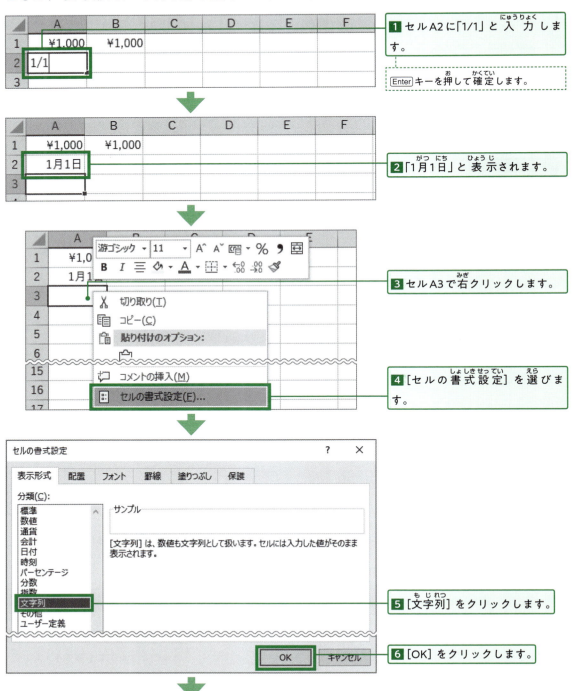

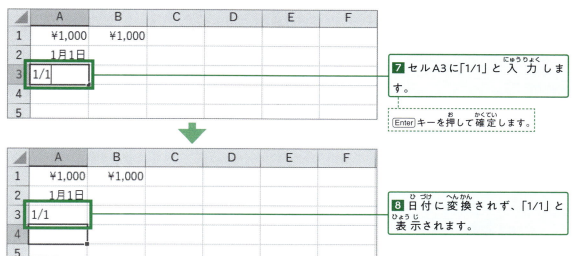

Point リボンから「セルの表示形式」を設定

セルの表示形式は、リボンからも設定できます。[ホーム] タブの [数値] グループにあるボタンを使います。

● [ホーム] タブの [数値] グループ

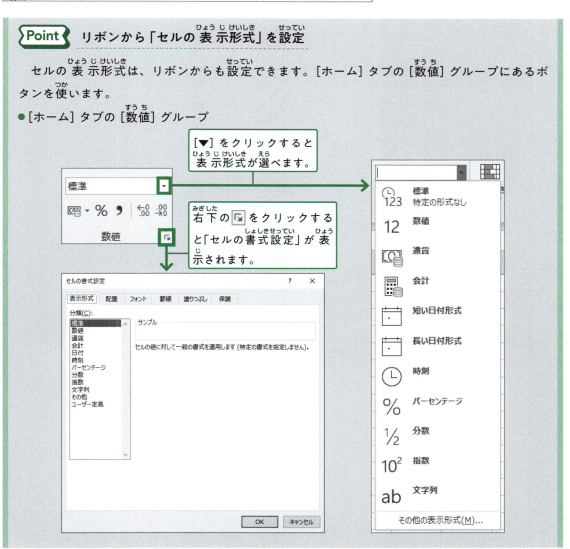

練習問題

課題1 遊園地の入場者数の表を作成してみましょう。月日はオートコレクトを使用して作成してみましょう。

▶入力する文字
遊園地の入場者数
月日　大人　子供　合計

完成例

	A	B	C	D
1	遊園地の入場者数			
2				
3	月日	大人	子供	合計
4	3月25日	60	85	145
5	3月26日	55	81	136
6	3月27日	51	64	115
7	3月28日	63	87	150
8	3月29日	82	93	175
9	3月30日	101	97	198
10	3月31日	115	102	217
11				

完成例　3-2_課題1_完成例.xlsx

Point　オートフィルによる曜日入力

曜日（月、火、水、木、金、土）もオートフィルによる入力が行えます。

	A	B	C	D	E	F	G
1	月	火	水	木	金	土	日

- ○ セルのコピー(C)
- ◉ 連続データ(S)
- ○ 書式のみコピー (フィル)(F)
- ○ 書式なしコピー (フィル)(O)
- ○ 連続データ (日単位)(D)
- ○ 連続データ (週日単位)(W)

3-3 セルの編集

ここでは、かんたんな表を作りながらセルの書式設定を学びます。表示形式、配置、フォント、罫線、塗りつぶしを学びます。

学ぶこと: 3-3-1 表示形式 / 3-3-2 配置 / 3-3-3 フォント / 3-3-4 罫線 / 3-3-5 塗りつぶし

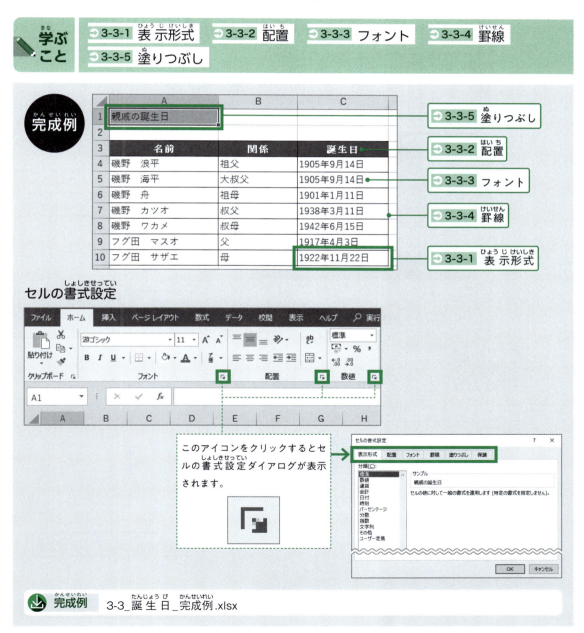

完成例 3-3_誕生日_完成例.xlsx

3-3-1 表示形式

家族の表を作ります。名前のセルは文字列、誕生日のセルには日付を設定します。

表示形式の指定

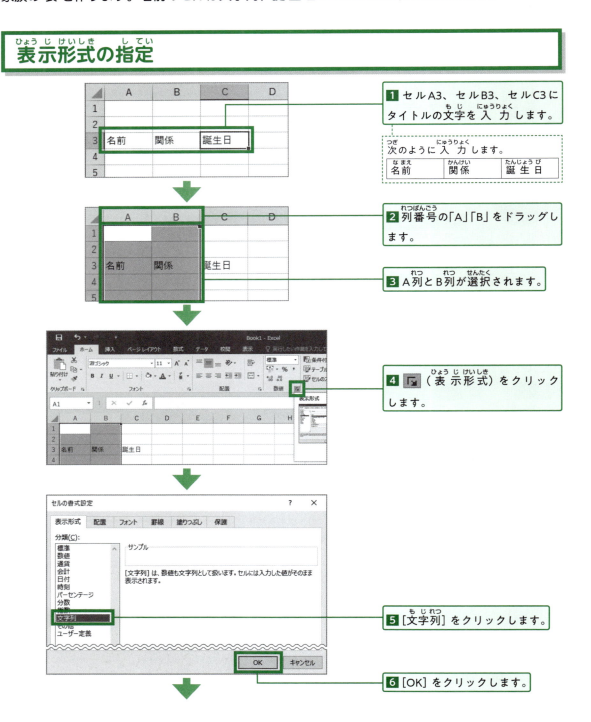

1 セルA3、セルB3、セルC3にタイトルの文字を入力します。

次のように入力します。

| 名前 | 関係 | 誕生日 |

2 列番号の「A」「B」をドラッグします。

3 A列とB列が選択されます。

4 ■(表示形式)をクリックします。

5 [文字列]をクリックします。

6 [OK]をクリックします。

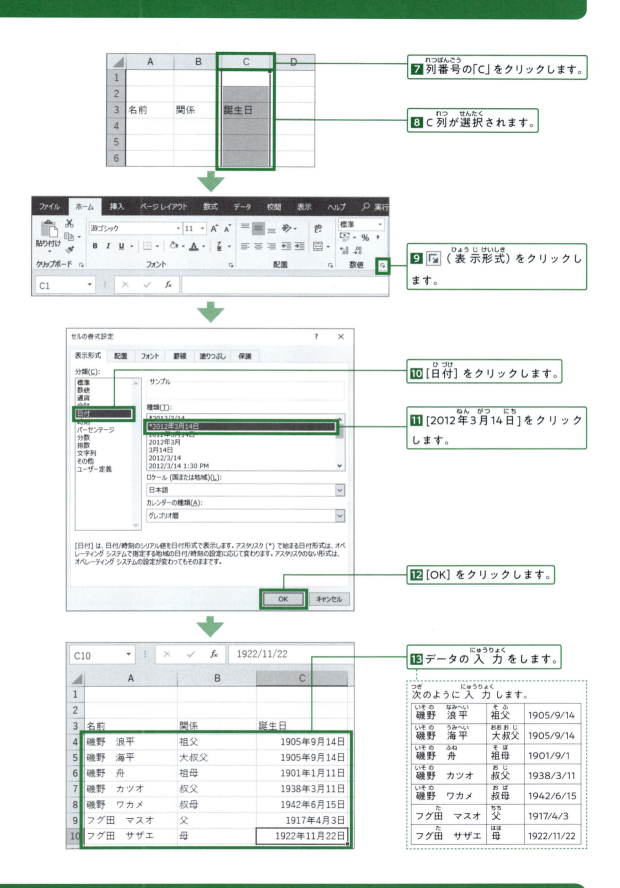

3-3-2 配置

セル内の文字の配置を指定します。通常はリボンにあるボタンで設定します。より細かい設定をしたいときは書式設定ダイアログで行います。

リボンのボタンで設定

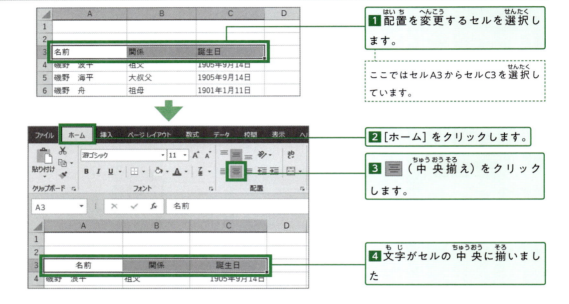

1. 配置を変更するセルを選択します。

   ここではセルA3からセルC3を選択しています。

2. [ホーム] をクリックします。

3. ≡（中央揃え）をクリックします。

4. 文字がセルの中央に揃いました

セルの書式設定で設定

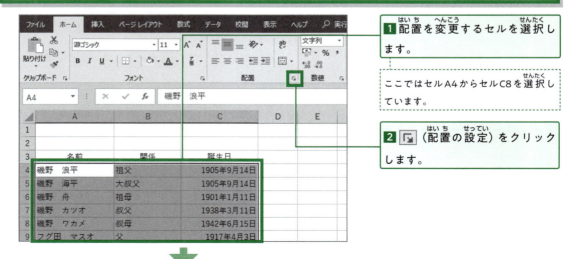

1. 配置を変更するセルを選択します。

   ここではセルA4からセルC8を選択しています。

2. 🖳（配置の設定）をクリックします。

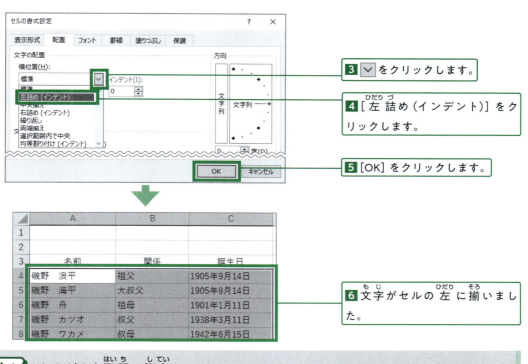

3 ∨ をクリックします。

4 ［左詰め（インデント）］をクリックします。

5 ［OK］をクリックします。

6 文字がセルの左に揃いました。

Point さまざまな配置の指定

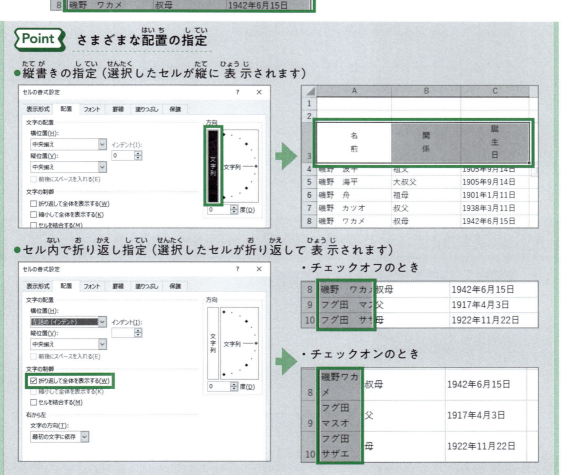

● 縦書きの指定（選択したセルが縦に表示されます）

● セル内で折り返し指定（選択したセルが折り返して表示されます）

・チェックオフのとき

・チェックオンのとき

3-3-3 フォント

セル内の文字のフォントを太字に指定します。通常はリボンにあるボタンで設定します。より細かい設定は書式設定ダイアログで行います。

太字に設定（リボンのボタン）

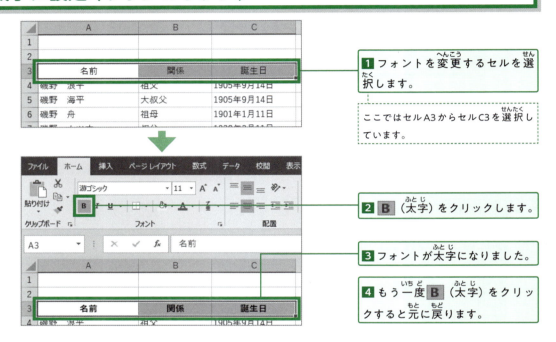

MS明朝に設定（セルの書式設定）

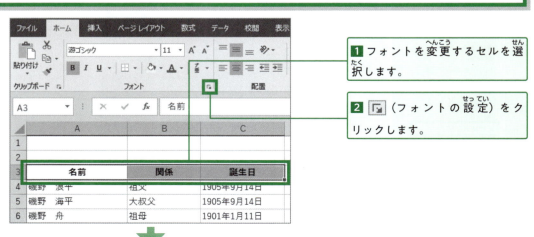

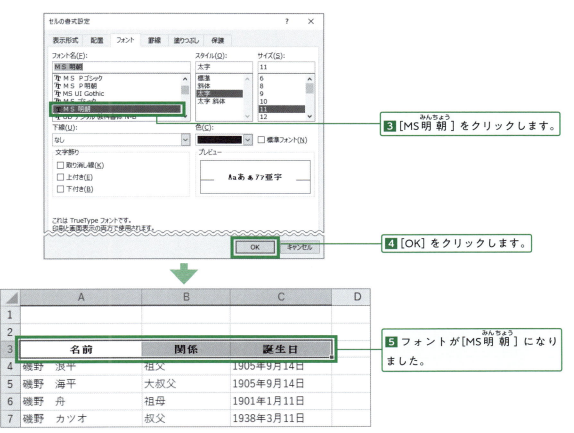

3 [MS明朝]をクリックします。

4 [OK]をクリックします。

5 フォントが[MS明朝]になりました。

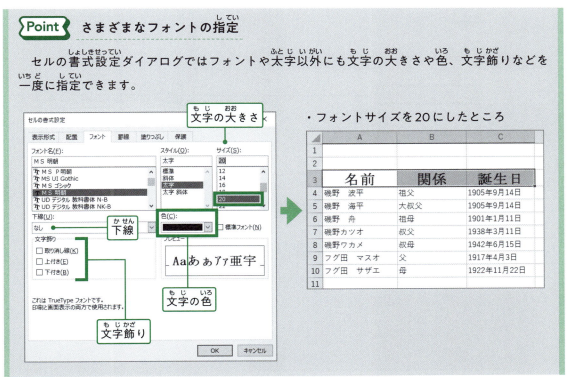

> **Point** さまざまなフォントの指定
>
> セルの書式設定ダイアログではフォントや太字以外にも文字の大きさや色、文字飾りなどを一度に指定できます。
>
> ・フォントサイズを20にしたところ

3-3-4 罫線

罫線の設定では表に線を入れることができます。

リボンのボタンで設定

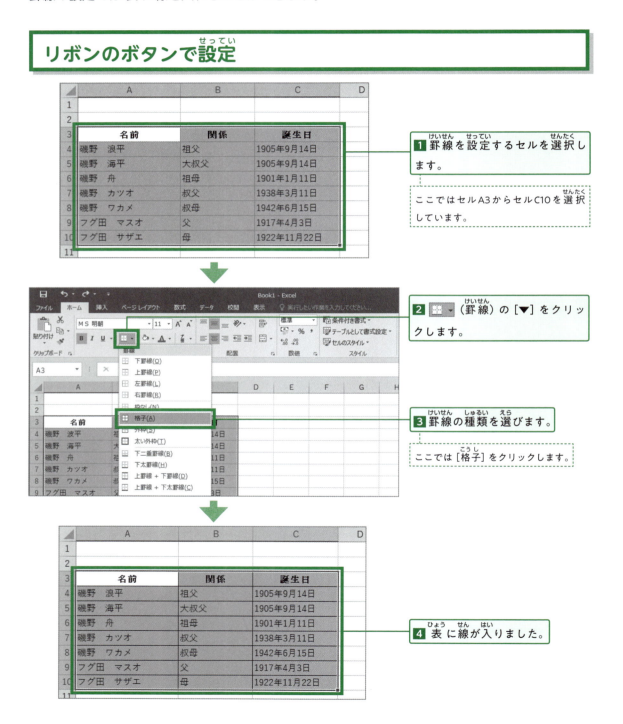

1 罫線を設定するセルを選択します。

ここではセルA3からセルC10を選択しています。

2 ⊞▼（罫線）の［▼］をクリックします。

3 罫線の種類を選びます。

ここでは［格子］をクリックします。

4 表に線が入りました。

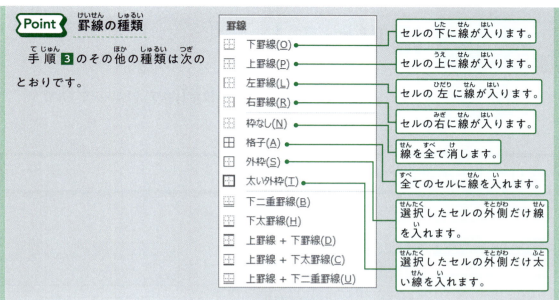

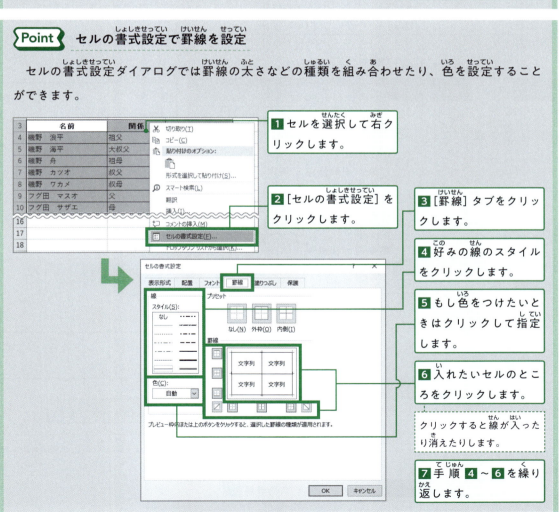

3-3-5 塗りつぶし

セルを指定した色で塗りつぶしします。通常はリボンから設定します。セルの書式設定ダイアログでは色やグラデーションを一度に設定できます。

塗りつぶしの設定1（リボンのボタン）

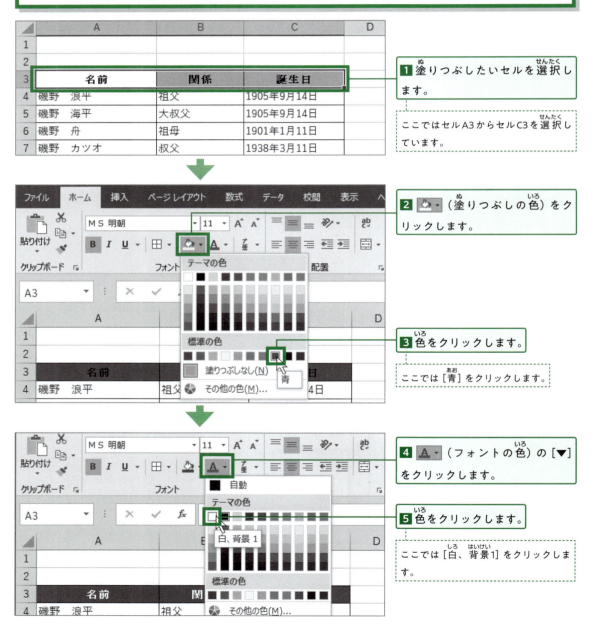

塗りつぶしの設定2（セルの書式設定）

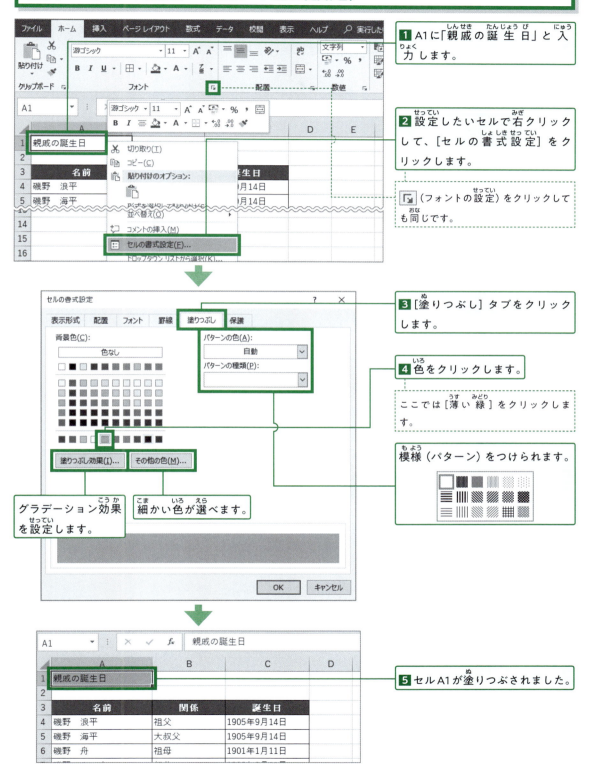

練習問題

課題1 遊園地の入場者数の表を作成してみましょう。

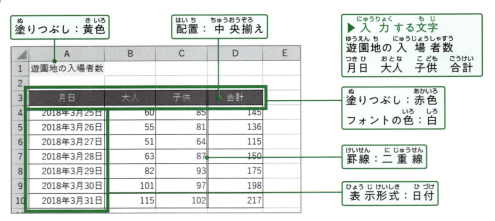

完成例 3-3_課題1_完成例.xlsx

> **Point** セルを右クリックで「セルの書式設定」ダイアログを表示
>
> 「セルの書式設定」ダイアログはセルを右クリックして「セルの書式設定」をクリックしても表示されます。「セルの書式設定」が表示されたら上のタブをクリックして「配置」や「フォント」など選びます。

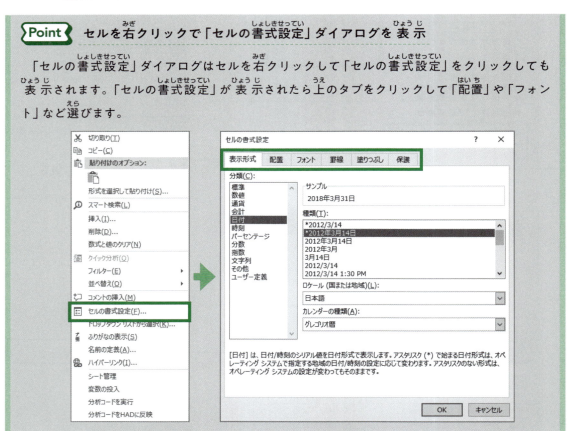

3-4 表の編集

ここでは、セルや行の挿入、削除、書式や並べ替えを学びます。

学ぶこと
- 3-4-1 表のスタイル（書式）設定
- 3-4-2 テーブルの並べ替えと解除
- 3-4-3 条件付き書式
- 3-4-4 表の検索と置換

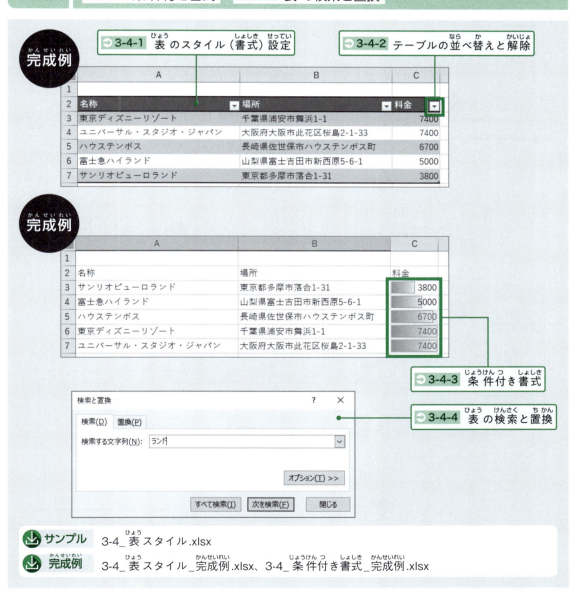

サンプル 3-4_表スタイル.xlsx

完成例 3-4_表スタイル_完成例.xlsx、3-4_条件付き書式_完成例.xlsx

3-4-1 表のスタイル（書式）設定

Excelに用意されたスタイルを利用して、表を手軽に見栄え良くする方法を学びます。

セルのスタイル設定

📥 サンプル 3-4_表スタイル.xlsx

「セルのスタイル」を利用することで、見出しなどのデザインを設定してみましょう。

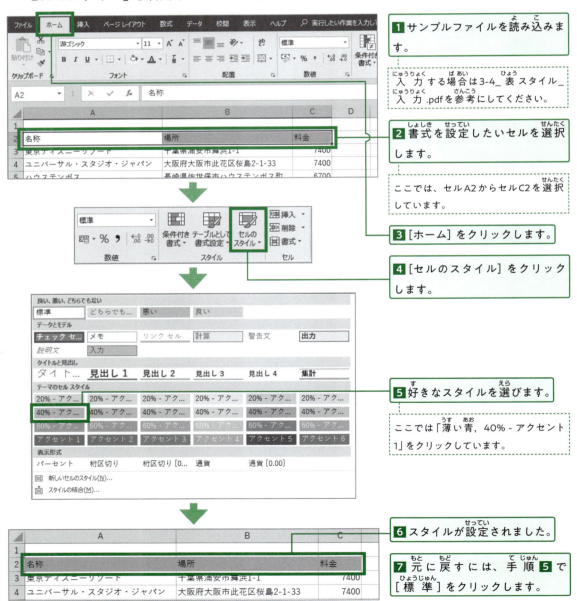

1 サンプルファイルを読み込みます。

　入力する場合は3-4_表スタイル_入力.pdfを参考にしてください。

2 書式を設定したいセルを選択します。

　ここでは、セルA2からセルC2を選択しています。

3 ［ホーム］をクリックします。

4 ［セルのスタイル］をクリックします。

5 好きなスタイルを選びます。

　ここでは「薄い青, 40% - アクセント1」をクリックしています。

6 スタイルが設定されました。

7 元に戻すには、手順5で［標準］をクリックします。

テーブルの作成と書式設定

Excelは特定の表を「テーブル」に変換することで、表全体のスタイル（書式）を一度に設定できます。次の手順でやってみましょう。

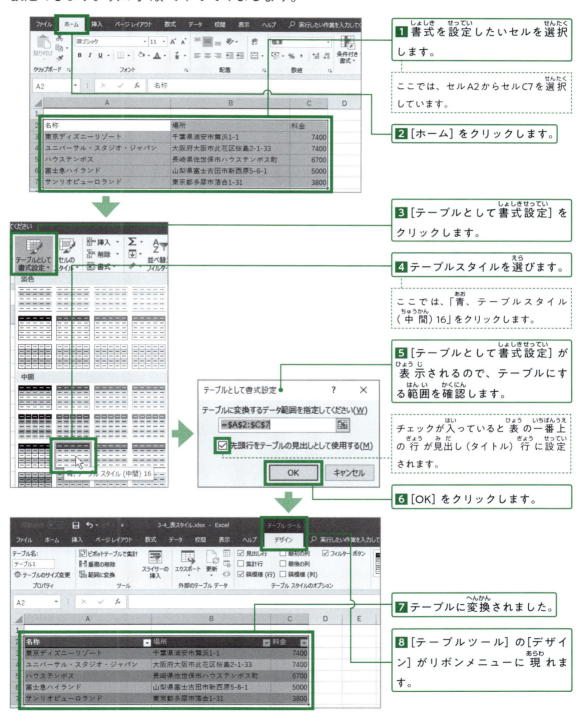

1 書式を設定したいセルを選択します。

ここでは、セルA2からセルC7を選択しています。

2 [ホーム]をクリックします。

3 [テーブルとして書式設定]をクリックします。

4 テーブルスタイルを選びます。

ここでは、「青、テーブルスタイル（中間）16」をクリックします。

5 [テーブルとして書式設定]が表示されるので、テーブルにする範囲を確認します。

チェックが入っていると表の一番上の行が見出し（タイトル）行に設定されます。

6 [OK]をクリックします。

7 テーブルに変換されました。

8 [テーブルツール]の[デザイン]がリボンメニューに現れます。

3-4-2 テーブルの並べ替えと解除

並べ替えと、テーブルの解除について学びます。

並べ替えと絞り込み

テーブルに変換すると、表を手軽に並べ替えできます。ここではかんたんな並べ替えについて学びます。なお、もっとくわしい並べ替え方法については、3-15で学びます。

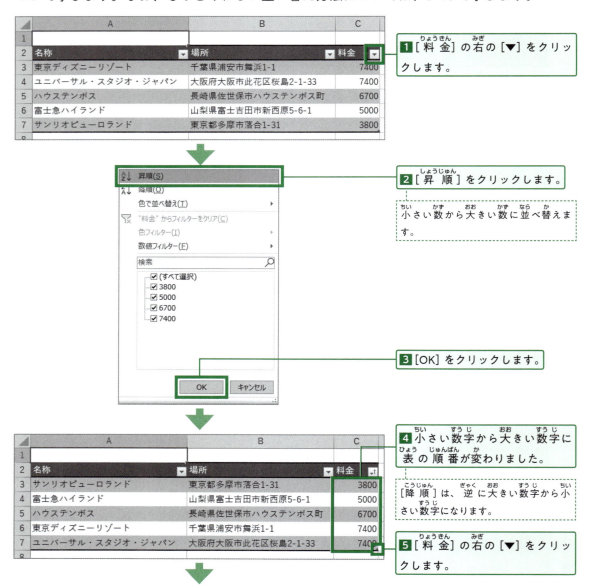

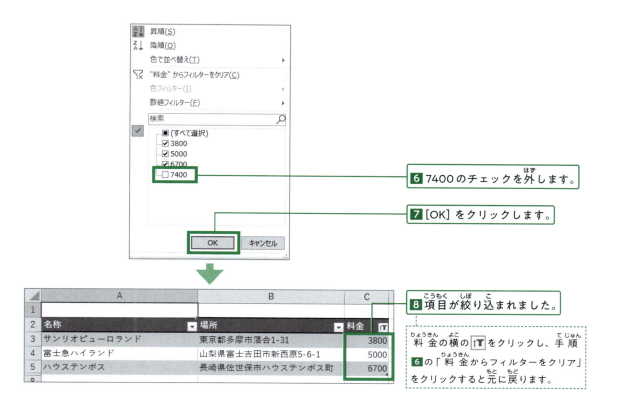

テーブルの解除

テーブルを解除し、元の表に戻します。

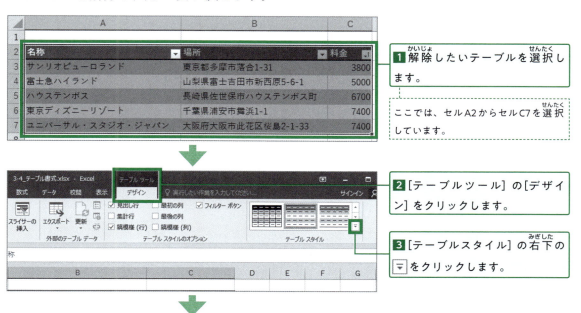

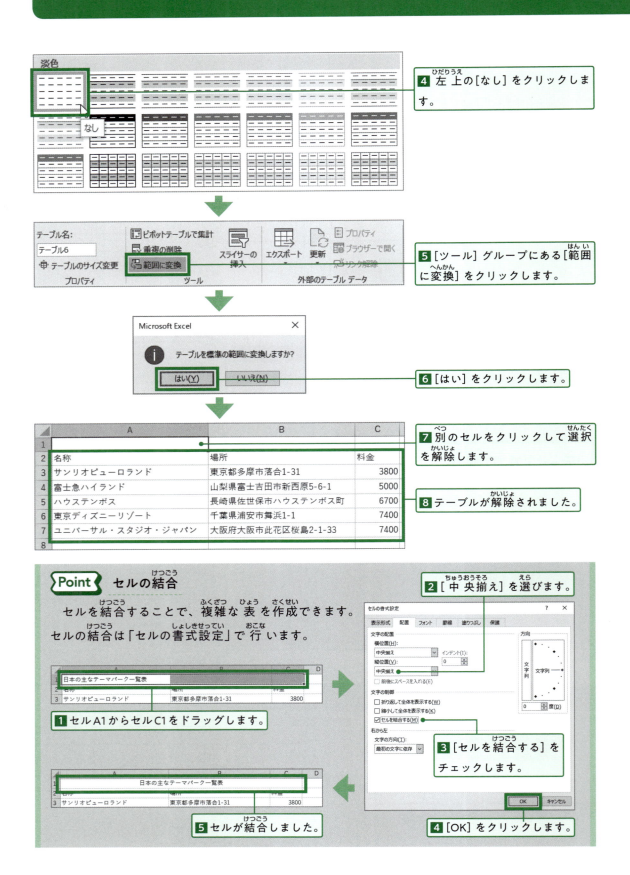

3-4-3 条件付き書式

「条件付き書式」とは、特定のルールで、セルの「書式」(スタイル)を変更する機能です。

強調表示

ある数字より大きいセルを強調表示してみましょう。

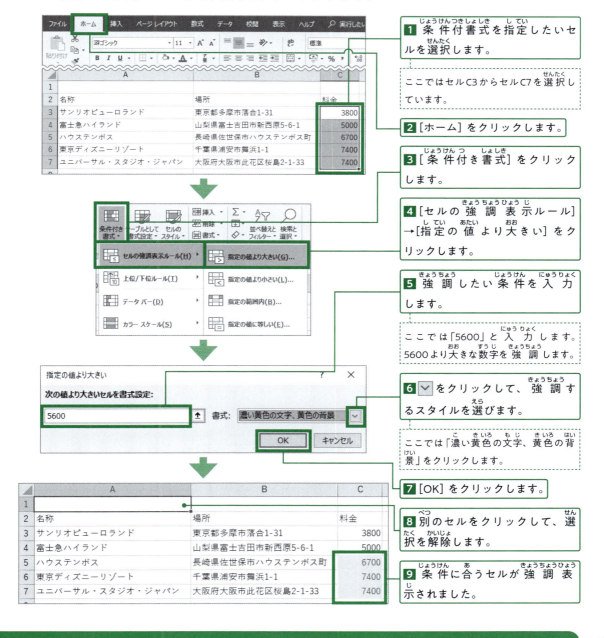

データバー

データバーを使うと、セルの数値によって、セルの背景をグラフのように塗りつぶすことができます。

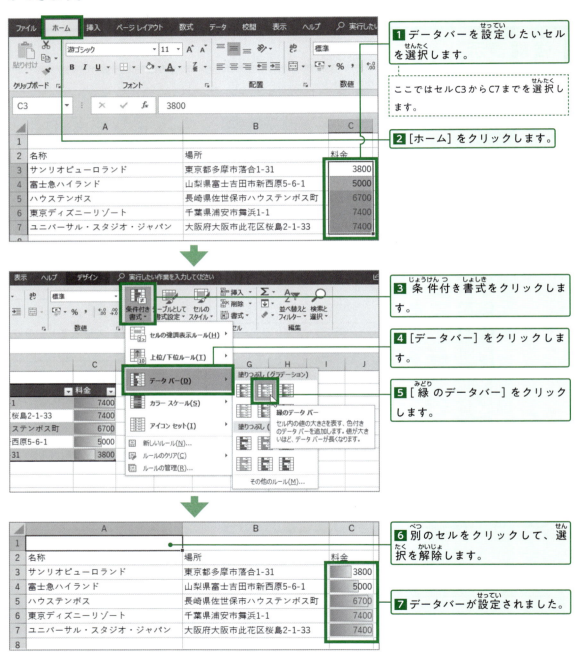

条件付き書式のクリア

条件付き書式をクリアするには、次の手順で行います。

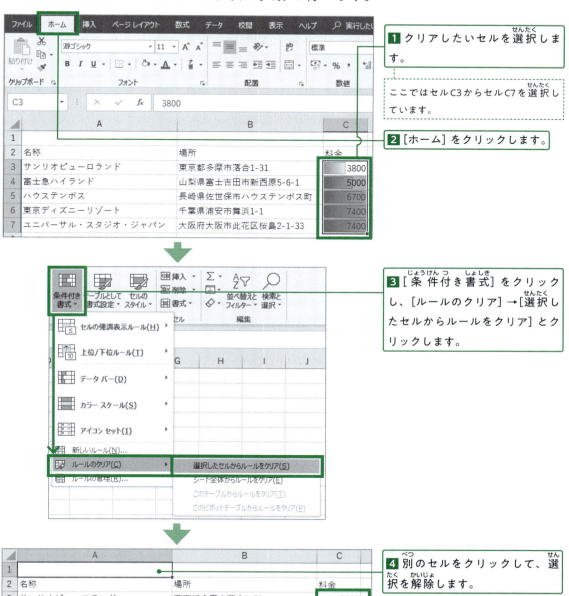

1 クリアしたいセルを選択します。

ここではセルC3からセルC7を選択しています。

2 [ホーム]をクリックします。

3 [条件付き書式]をクリックし、[ルールのクリア]→[選択したセルからルールをクリア]とクリックします。

4 別のセルをクリックして、選択を解除します。

5 条件付き書式がクリアされました。

3-4-4 表の検索と置換

セルの文字や数値を検索したり、別の文字や数字に置換してみましょう。

検索

特定のキーワードを含む文字を探すのが検索です。

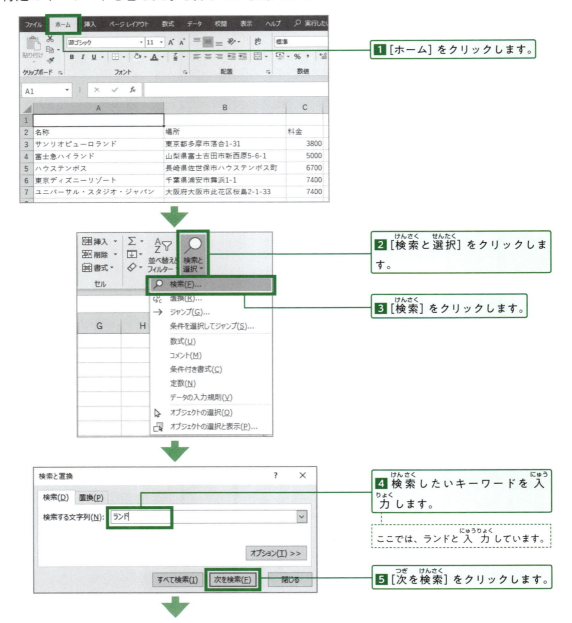

1 [ホーム] をクリックします。

2 [検索と選択] をクリックします。

3 [検索] をクリックします。

4 検索したいキーワードを入力します。

ここでは、ランドと入力しています。

5 [次を検索] をクリックします。

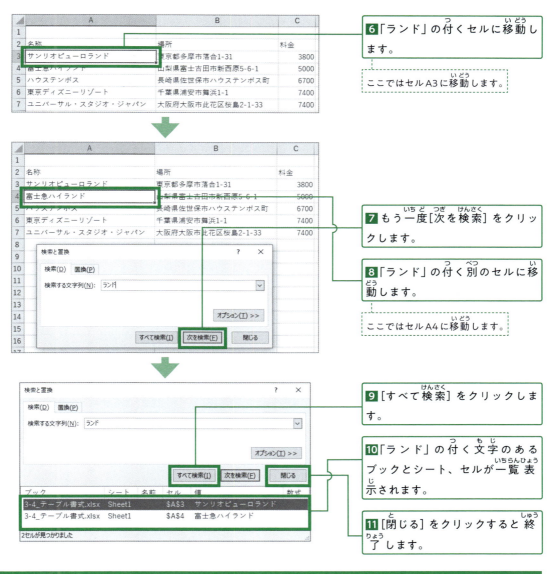

置換

「置換」とは、検索した文字を別の文字に置き換えることです。

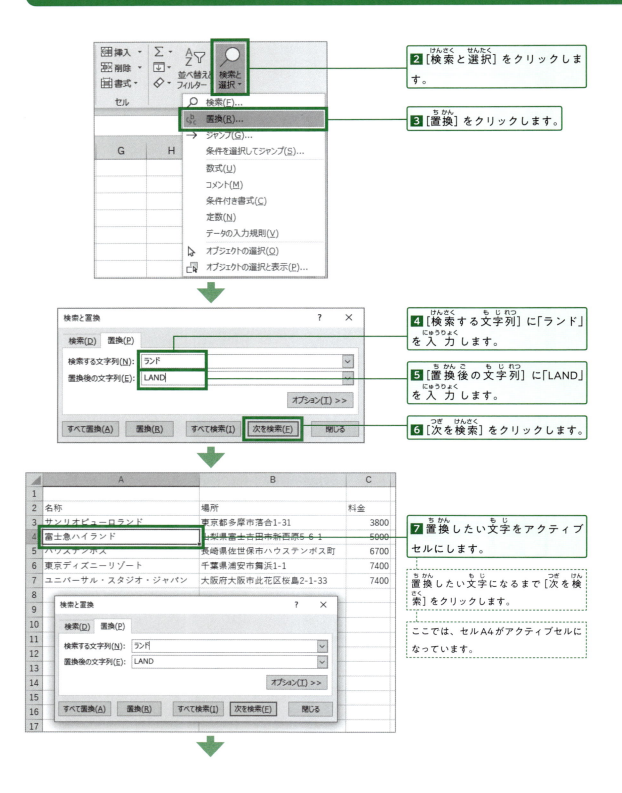

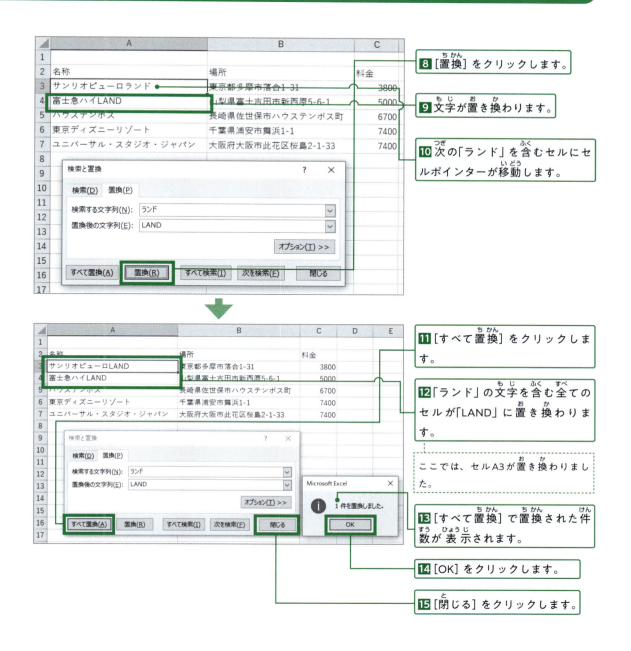

Point 検索と置換のショートカット

検索と置換はショートカットもよく利用するので、ぜひ覚えましょう。Excelだけでなく、Wordなど、Microsoft Offce共通の操作なので、覚えておくととても便利です。

検索：Ctrl + F (Ctrlキーを押しながらFキーを押す)

置換：Ctrl + H (Ctrlキーを押しながらHキーを押す)

練習問題

課題1 サンプルファイルを読み込んで、鎌倉のお寺の拝観時間(入場時間)と拝観料(入場料)の一覧表を以下の表のように作成しましょう。入力する場合は3-4_課題1_入力.pdfを参考にしてください。

サンプル 3-4_課題1.xlsx

	A	B	C
1			
2	お寺の名前	拝観時間	拝観料(大人料金)
3	円応寺	9:00〜15:30	200
4	円覚寺	8:00〜16:00	300
5	建長寺	8:30〜16:30	500
6	光照寺	9:00〜16:00	100
7	浄智寺	9:00〜16:30	200
8	長寿寺	9:00〜15:00	300
9	東慶寺	8:30〜16:00	200

テーブルスタイル:白、テーブルスタイル(中間)、4

データバー:オレンジ(グラデーション)

完成例 3-4_課題1_完成例.xlsx

課題2 サンプルファイルを読み込んで両国国技館の相撲観戦料金の一覧表を以下の表のように作成しましょう。入力する場合は3-4_課題2_入力.pdfを参考にしてください。

サンプル 3-4_課題2.xlsx

	A	B	C	D
2	席の種類	料金(一人分)		
3	溜席	14800		
4	マスA席(1〜8列目)	11700		
5	マスB席(9〜12列目)	10,600		
6	マスC席(13〜15列目)	9,500		
7	イスA席(1〜6列目)	8,500		
8	イスB席(7〜11列目)	5,100		
9	イスC席 (12〜13列目)	3,800		
10	自由席 (14列目)	2,200		

テーブルスタイル:薄い灰色、テーブルスタイル(中間)、8

データバー:オレンジ(グラデーション)

完成例 3-4_課題2_完成例.xlsx

3-5 式と計算の基本

Excelは表計算を行うアプリケーションです。ここでは、セルへの式の入力方法、計算のしくみ、かんたんな表を用いた合計や平均などの表計算を学びます。

学ぶこと
- 3-5-1 式の入力と計算
- 3-5-2 合計の計算
- 3-5-3 関数を使った合計の計算
- 3-5-4 平均の計算
- 3-5-5 スパークライン

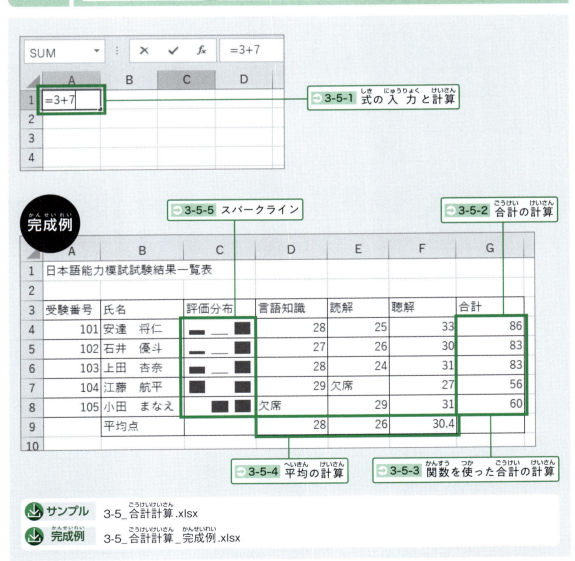

サンプル 3-5_合計計算.xlsx
完成例 3-5_合計計算_完成例.xlsx

3-5-1 式の入力と計算

セルを使った式の書き方や、計算の基本を学びます。

セルに式を入力して計算

セルに入力する際、最初に「=」が付くと「式」と認識されます。セルには、計算結果が表示され、入力された式は「数式バー」で確認できます。入力した内容とセルの表示が異なっていることに注意してください。以下で実際にやってみましょう。

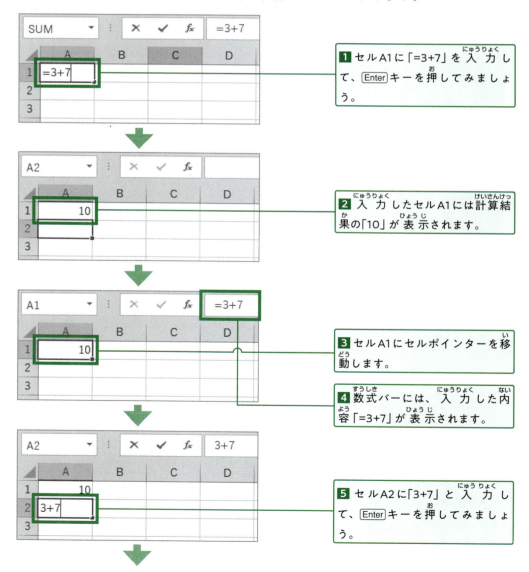

1 セルA1に「=3+7」を入力して、Enterキーを押してみましょう。

2 入力したセルA1には計算結果の「10」が表示されます。

3 セルA1にセルポインターを移動します。

4 数式バーには、入力した内容「=3+7」が表示されます。

5 セルA2に「3+7」と入力して、Enterキーを押してみましょう。

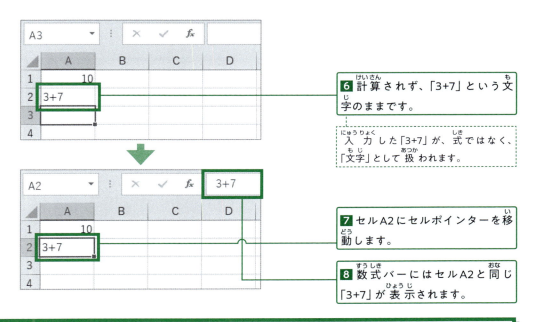

式の修正や内容の確認

セルに入力した式を確認したいときや、一部を修正したいときは、編集モードにします。編集モードはF2キーを押すか、セルをダブルクリックします。編集モードと入力モードについては3-2-2を参照してください。なお、数式バーからも確認や修正が可能です。

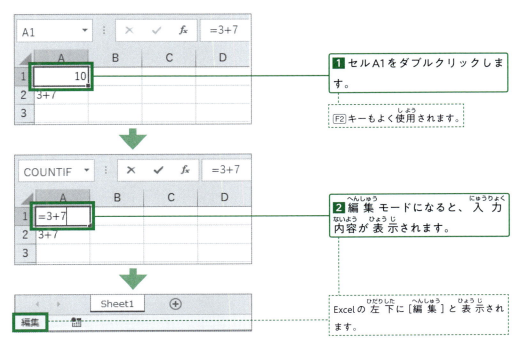

セル参照と計算式

Excelでは、入力するセル（アクティブセル）に、別のセル番地を指定して計算式を書くことができます。別のセル番地を参照することを「セル参照」といいます。複数のセルを指定して、複雑な計算をすることができます。

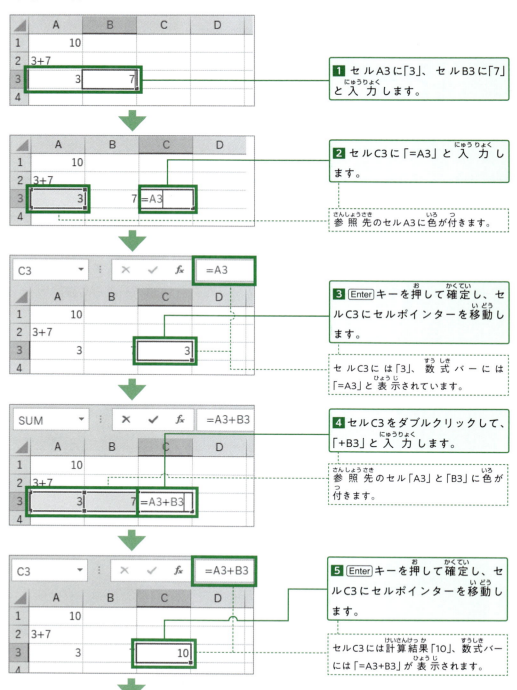

1 セルA3に「3」、セルB3に「7」と入力します。

2 セルC3に「=A3」と入力します。

参照先のセルA3に色が付きます。

3 Enterキーを押して確定し、セルC3にセルポインターを移動します。

セルC3には「3」、数式バーには「=A3」と表示されています。

4 セルC3をダブルクリックして、「+B3」と入力します。

参照先のセル「A3」と「B3」に色が付きます。

5 Enterキーを押して確定し、セルC3にセルポインターを移動します。

セルC3には計算結果「10」、数式バーには「=A3+B3」が表示されます。

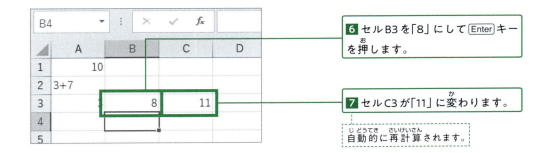

6 セルB3を「8」にして Enter キーを押します。

7 セルC3が「11」に変わります。
自動的に再計算されます。

式をコピーして計算

Excelでは、式の入ったセルをコピーして、貼り付けると、式の内容（セルの参照先）が自動的に置き換わります。実際にやってみましょう。

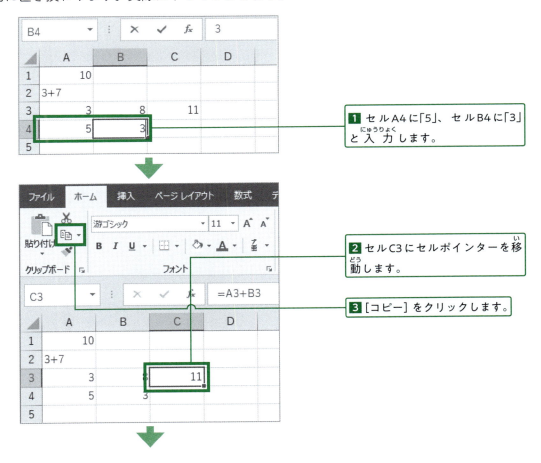

1 セルA4に「5」、セルB4に「3」と入力します。

2 セルC3にセルポインターを移動します。

3 [コピー]をクリックします。

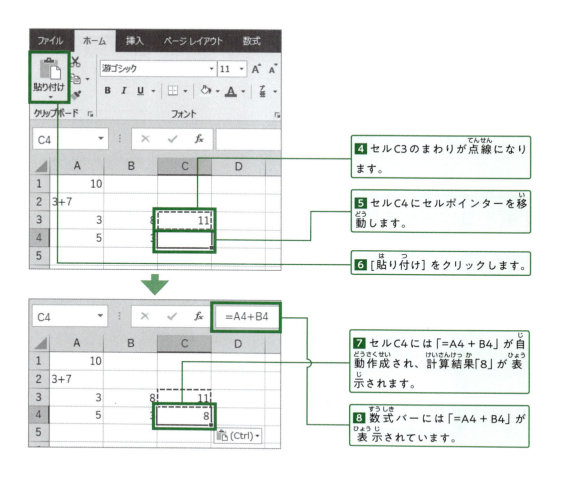

Point 相対参照

式を別のセルに貼り付けると、セルの参照先が変わるしくみを「相対参照」といいます。詳しくは、3-6で学びます。

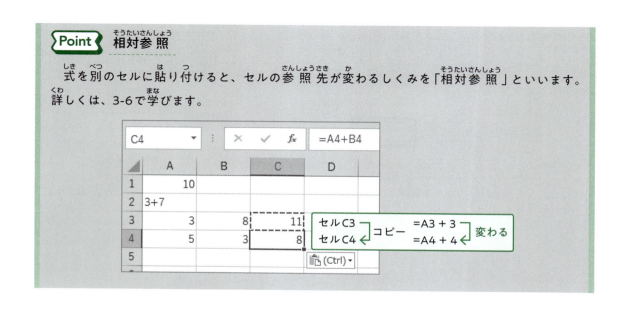

式と式の計算

式の入ったセル同士も計算できます。

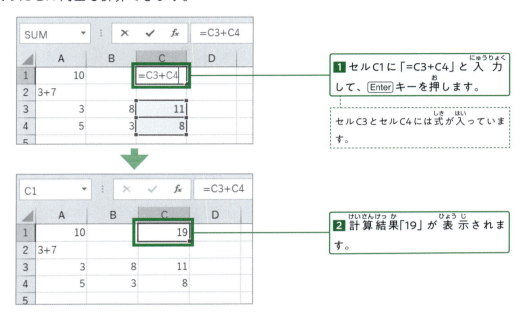

1 セルC1に「=C3+C4」と入力して、Enterキーを押します。

セルC3とセルC4には式が入っています。

2 計算結果「19」が表示されます。

計算できないエラー

計算できるのは数値だけです。文字を入れるとエラーとなります。

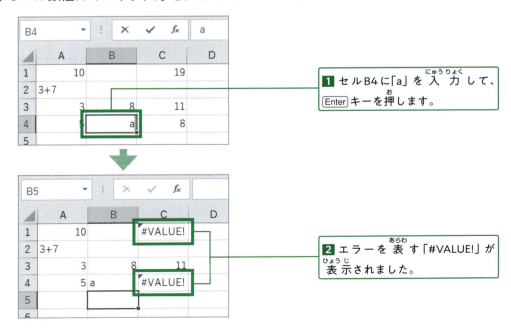

1 セルB4に「a」を入力して、Enterキーを押します。

2 エラーを表す「#VALUE!」が表示されました。

式の入ったセルの移動

式の入ったセルを移動した場合、セルの参照先はそのままになります。実際にやってみましょう。

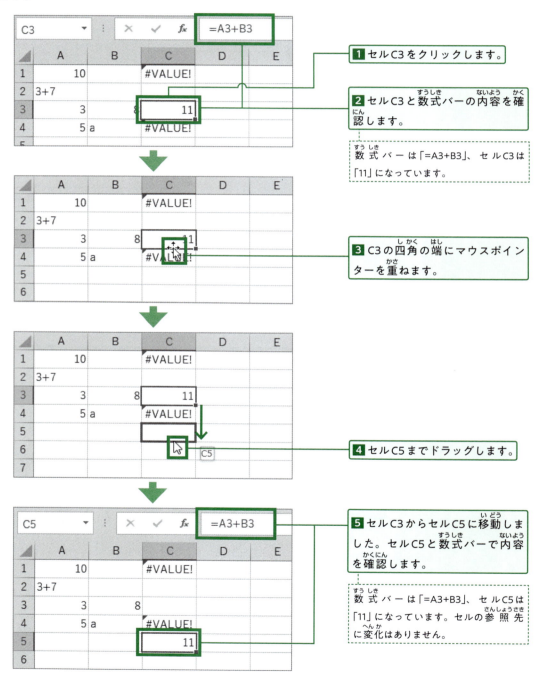

3-5-2 合計の計算

試験の結果が入力された表を使って、生徒の点数を合計してみましょう。合計の計算には直接入力する方法やクリックして選ぶ方法など複数のやり方があります。

セルをクリックして指定する方法

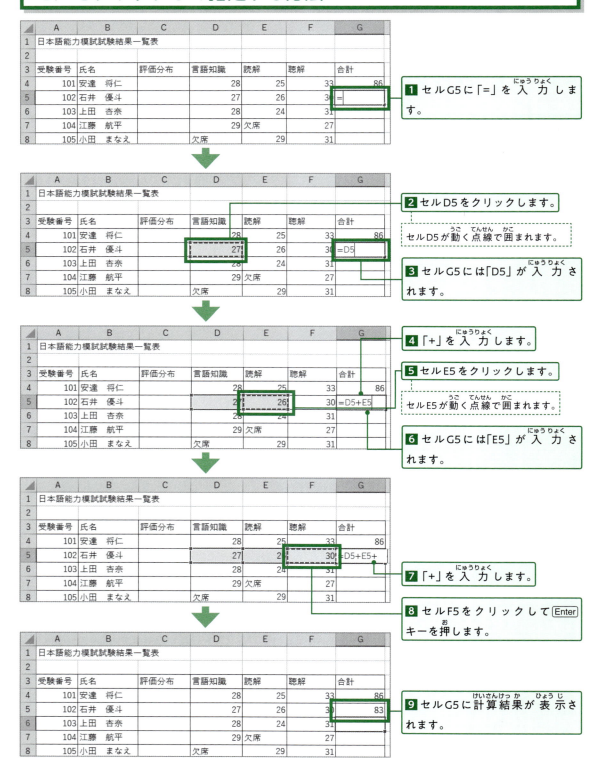

3-5-3 関数を使った合計の計算

Excelの強力な機能のひとつに「関数」があります。Excelには計算に役立つ数多くの関数が用意されています。関数については3-12で詳しく学習しますが、ここでは「合計」計算ための関数「SUM」を使ってみましょう。

 を使った計算方法1

［オートSUM］を使えばドラッグした範囲の合計を計算できます。

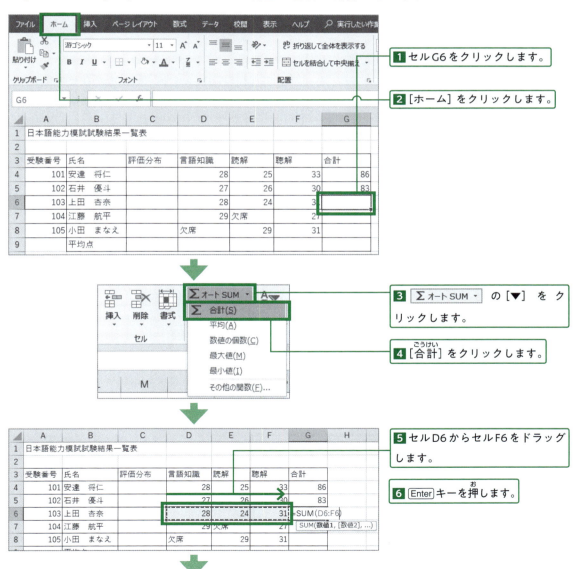

7 セルG6には計算結果「83」が表示されます。

=SUM(D6:F6)
数式バーに表示されているのがSUM関数です。この関数はカッコのなかの数値をすべて合計します。Excel関数には、最初に「=」がつきます。「:」は範囲を表す記号で、セルD6からセルF6まで、という意味です。詳しくは3-12で学びます。

ΣオートSUMを使った計算方法2

先に範囲をドラッグして、[オートSUM]でも合計を計算できます。

1 セルD7からセルF7をドラッグします。

2 [ホーム]をクリックします。

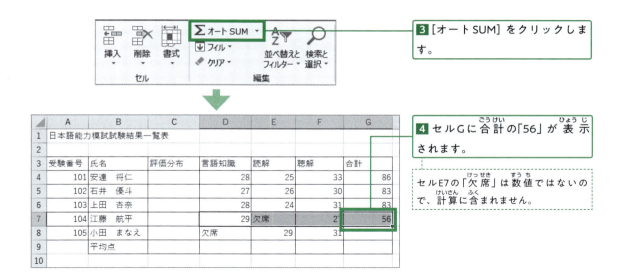

SUM関数を直接入力する計算方法

SUM関数は直接セルに入力することもできます。SUM関数では範囲を表す記号「:」以外にも、「=SUM(D7,F7)」のように、「,」記号を使って、セルを1つずつ指定することができます。

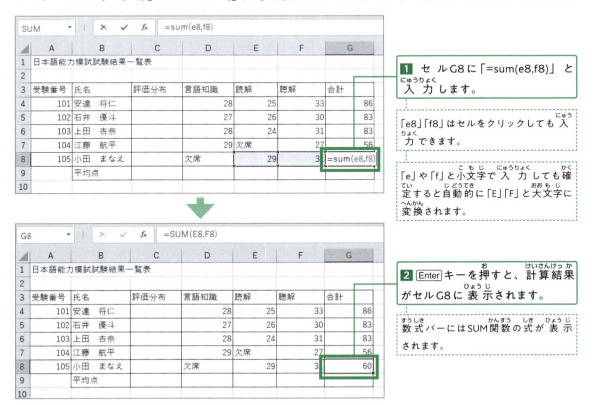

3-5-4 平均の計算

合計を求める SUM 関数と並ぶ、Excel の代表的な関数が「平均」を求める AVERAGE 関数です。範囲を指定して、リボンのボタンを使って求める方法と、直接セルに入力する方法があります。

ボタンを使って平均を求める方法

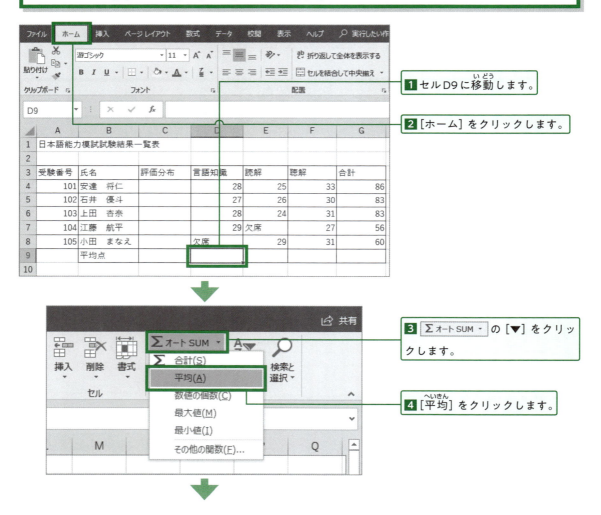

1 セルD9に移動します。

2 [ホーム] をクリックします。

3 [Σ オート SUM ▼] の [▼] をクリックします。

4 [平均] をクリックします。

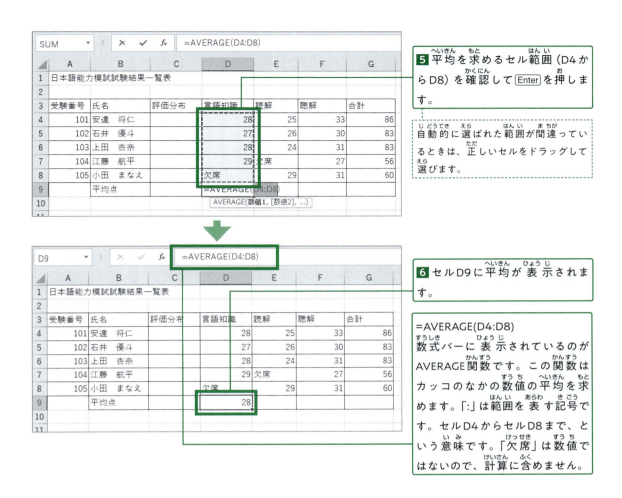

AVERAGE関数を直接入力する計算方法

AVERAGE関数もSUM関数同様、直接セルに入力できます。「=AVERAGE()」とし、カッコのなかでは「:」や「,」記号を使って、セルを指定します。

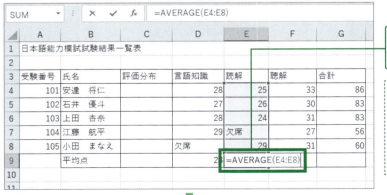

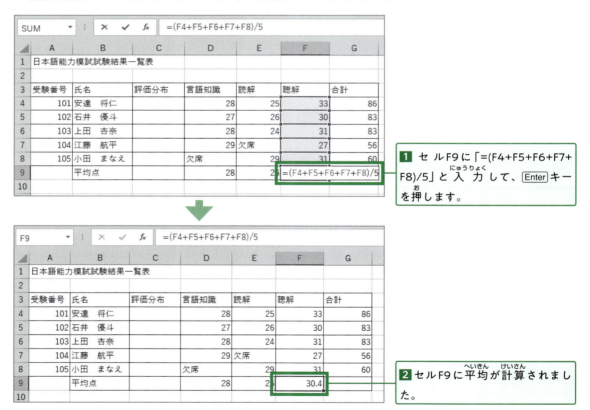

式を直接入力した計算方法

関数を使わず、式を入力して、平均を求めてみましょう。

3-5-5 スパークライン

スパークラインセルのなかに簡単なグラフを表示する機能です。棒グラフや折れ線グラフなどで表示するため、わかりやすい表を作成できます。

スパークラインで棒グラフを作成する方法

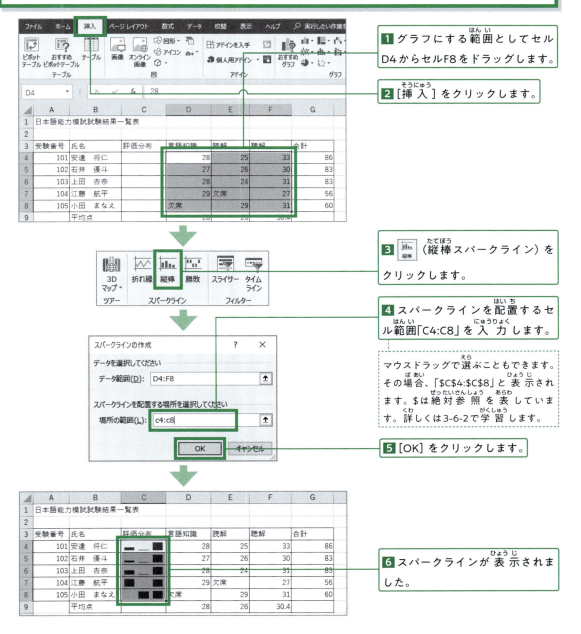

練習問題

課題1 サンプルファイルを読み込んで、社内ボウリング大会スコア表を作成してみましょう。合計を計算し、平均値を求めましょう。入力する場合は3-5_課題1_入力.pdfを参考にしてください。

サンプル 3-5_課題1.xlsx

完成例

	A	B	C	D	E	F
1	第1回　社内ボウリング大会スコア表					
2						
3	チーム名	1ゲーム	2ゲーム	3ゲーム	トータル	平均
4	第1営業部チーム	120	135	110	365	122
5	第2営業部チーム	98	107	115	320	107
6	企画部チーム	145	138	126	409	136
7	販売部チーム	162	144	135	441	147
8	人事部チーム	105	123	120	348	116

完成例 3-5_課題1_完成例.xlsx

課題2 サンプルファイルを読み込んで、映画の観客動員数の表を作成してみましょう。スパークラインで折れ線グラフと棒グラフを設定しましょう。入力する場合は3-5_課題2_入力.pdfを参考にしてください。

サンプル 3-5_課題2.xlsx

完成例

	A	B	C	D	E	F
1	新しい映画観客動員数		10月		単位：千人	
2						
3	映画名	第1週	第2週	第3週	第4週	月内推移
4	トラえもん　のぶおの世界誕生	120	145	168	170	
5	おばけウォッチ　王の復活	123	110	105	120	
6	ビビビの黄太郎	98	95	87	85	
7	さんちゃん　宇宙人シリー	110	121	115	108	
8	スーパマン	85	90	93	100	
9		週間ランキング				

スパークライン：折れ線
頂点（山）：チェック
スパークラインの色：
線アクセント6

スパークライン：棒グラフ
頂点（山）：チェック
スパークラインの色：赤

完成例 3-5_課題2_完成例.xlsx

> **Point** スパークラインの色を変えるには
>
> スパークラインをクリックすると、タイトルバーに［スパークラインツール］、リボンに［デザイン］タブが表示されます。ここで、課題2の「頂点（山）」や「マーカーの色」などが設定できます。

3-6 相対参照・絶対参照

Excelには、あるセルの式を別のセルにコピーしたときに、セルの参照先が変わる「相対参照」と、セルの参照先が変わらない「絶対参照」があります。具体的にどのようなものか、操作しながら学びましょう。

学ぶこと　→ 3-6-1 相対参照　→ 3-6-2 絶対参照　→ 3-6-3 複合参照

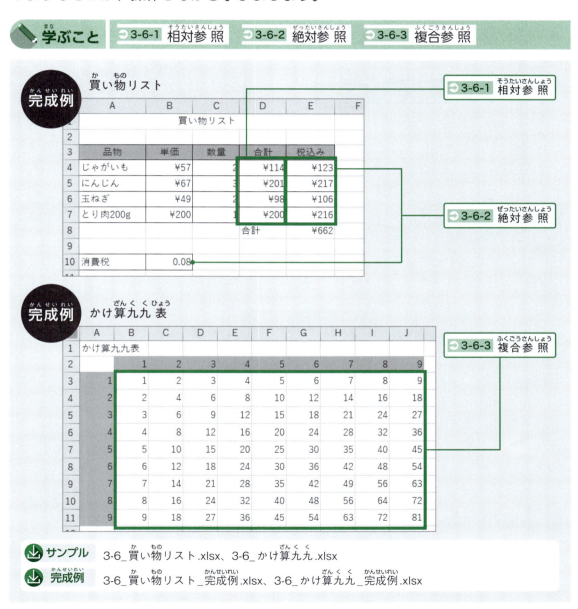

サンプル　3-6_買い物リスト.xlsx、3-6_かけ算九九.xlsx
完成例　3-6_買い物リスト_完成例.xlsx、3-6_かけ算九九_完成例.xlsx

3-6-1 相対参照

相対参照では、式を入力したセルを、別のセルにコピーすると、セルの参照先が変わります。セルに式を入力し、別のセルにコピーして、試してみましょう。

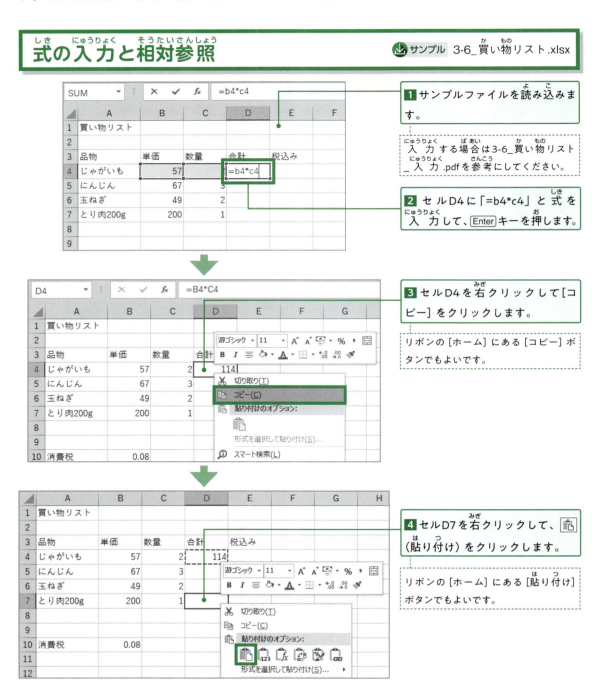

セルD4の式は、セルの参照先がB4とC4ですが、D8に貼り付けると式の内容が変わります。参照先が、「セルB8*セルC8」に自動的に変更されるのです。これを相対参照といいます。

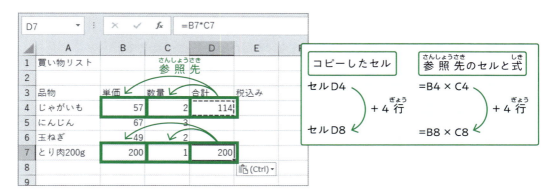

オートフィルによる式の入力と相対参照

オートフィルを使って式をコピーしてみましょう。

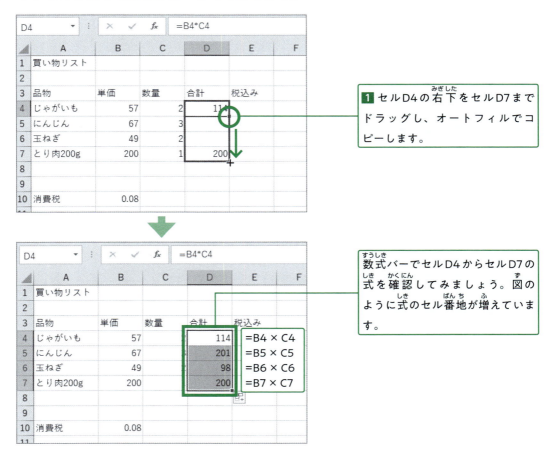

1. セルD4の右下をセルD7までドラッグし、オートフィルでコピーします。

数式バーでセルD4からセルD7の式を確認してみましょう。図のように式のセル番地が増えています。

3-6-2 絶対参照

絶対参照は、セルの参照先に「$」マークを入れることで、別のセルにコピーしても、参照先が変わらなくなります。常に同じセルを参照したいときに便利です。

式の入力と絶対参照

絶対参照を使って、税込みの価格を計算してみましょう。消費税の税率は0.08としています。式は、「合計価格」+「合計価格」×「消費税率」となります。

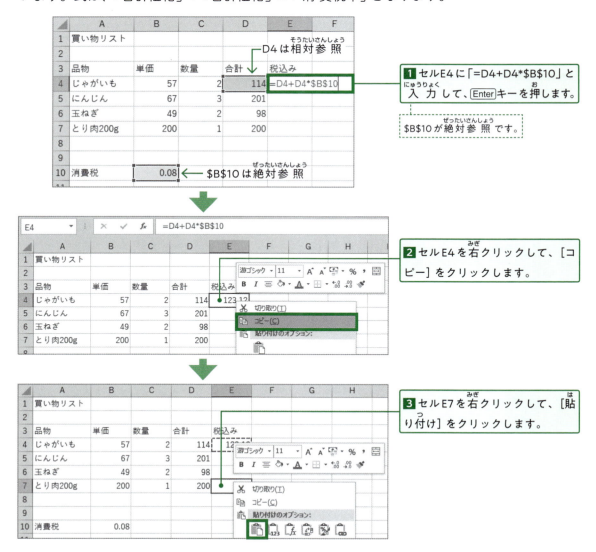

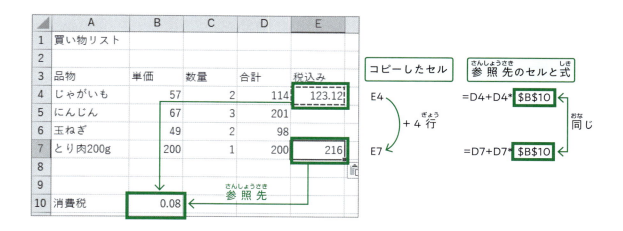

オートフィルによる式の入力と絶対参照

オートフィルを使って式をコピーしてみましょう。

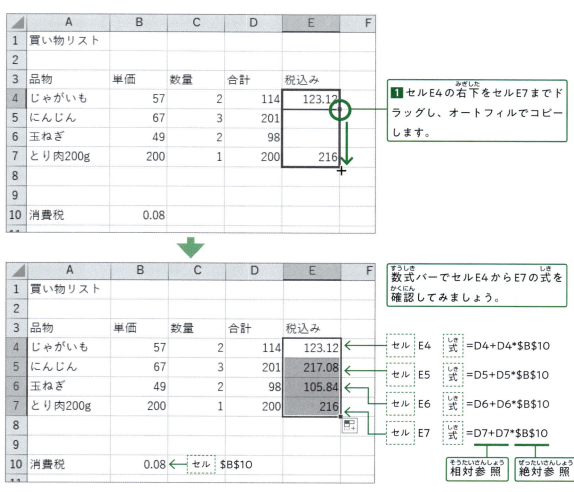

3-6-3 複合参照

複合参照とは、相対参照と絶対参照を組み合わせたセル参照です。「$A1」や「A$1」のように記述します。ここでは、かけ算九九表を使って、複合参照を学びます。

かけ算九九表とは

⬇ サンプル 3-6_かけ算九九表.xlsx

九九表は、日本の小学生が覚えるかけ算の表です。タテとヨコをかけると答えになる表です。

●九九表のしくみ

	1	2	3	4	5	6	7	8	9
1	1	2	3	4	5	6	7	8	9
2	2	4	6	8	10	12	14	16	18
3	3	6	9	12	15	18	21	24	27
4	4	8	12	16	20	24	28	32	36
5	5	10	15	20	25	30	35	40	45
6	6	12	18	24	30	36	42	48	54
7	7	14	21	28	35	42	49	56	63
8	8	16	24	32	40	48	56	64	72
9	9	18	27	36	45	54	63	72	81

3 × 4 = 12
5 × 6 = 30

かけ算九九表の作成

かけ算九九表は、相対参照や絶対参照だけでは作成できません。試しに相対参照で入力してみましょう。

1 サンプルファイルを読み込みます。

2 「=A3*B2」と入力して、Enter キーを押します。

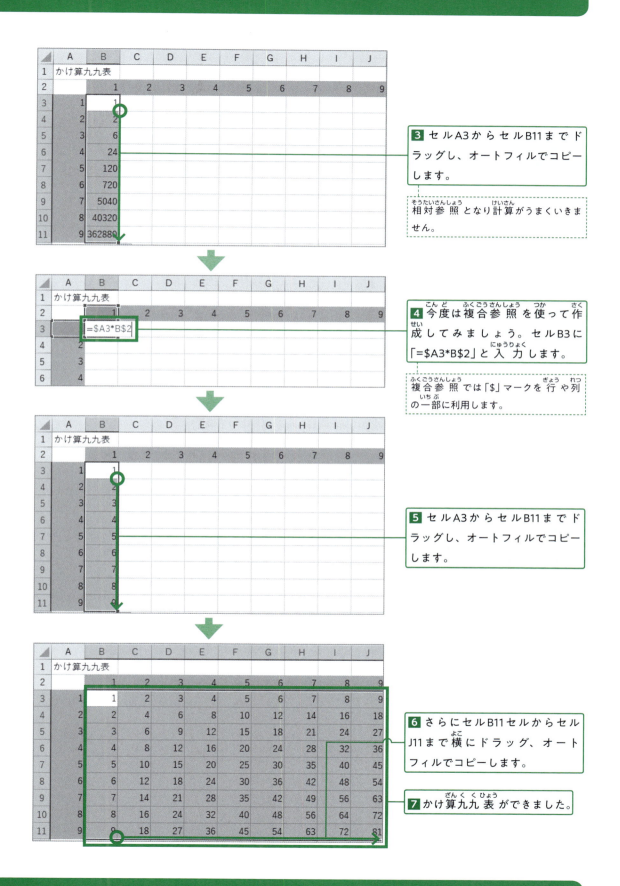

Point　かけ算九九表の複合参照のポイント

　相対参照と絶対参照を組み合わせたのが複合参照です。九九表の各セルは、複合参照となっています。

　九九表はタテ×ヨコなので、答えを表示する（式を入力する）セルの参照先はタテ（セルA3～A11）とヨコ（セルB2～J2）となります。タテとヨコの参照先の数値をかけ算して、計算結果をセルに表示します。タテの1から9は、A列にあるので、A列は常に固定です。ヨコの1から9は2行目にあるので、2行目が固定でなくてはいけません。

　つまり、九九の例では、A列と2行目を絶対参照、それ以外を相対参照にするという、複合参照が必要になります。

九九の計算	タテ	×	ヨコ
セルの参照先	A3～A11 (1)　(9)		B2～J2 (1)　(9)

A列（タテ）は絶対参照
3～11行目は相対参照

B～Jは相対参照
2行目（ヨコ）は絶対参照

	A	B	C	D	E	F	G	H	I	J	K
1	かけ算九九表										
2		B2	C2	D2	E2	F2	G2	H2	I2	J2	ヨコ
2		1	2	3	4	5	6	7	8	9	
3	A3　1	1	2	3	4	5	6	7	8	9	
4	A4　2	2	4	6	8	10	12	14	16	18	
5	A5　3	3	6	9	12	15	18	21	24	27	
6	A6　4	4	8	12	参照先	20	24	28	32	36	
7	A7　5	5	10	15	20	25	=$A7*F$2 (5)　(5)	35	40	45	
8	A8　6	6	12	18	24	30		42	48	54	
9	A9　7	7	14	21	28	35	42	49	56	63	
10	A10　8	8	16	24	32	40	48	56	64	参照先	
11	A11　9	9	18	27	36	45	54	63	72	=$A11*I$2 (9)　(8)	
12	タテ										

Point 絶対参照・複合参照の入力はF4キー

絶対参照や複合参照の際のセル番地の入力にはF4キーが便利です。

図は、セルC4に「=」を入力し、セルA4をクリックしたところです。ここからF4キーを押すたびに、$が自動的に切り替わりながら挿入されます。

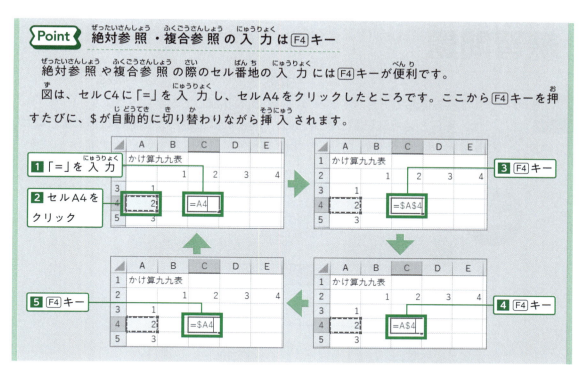

Point 行と列の方向を間違えないために

横に並ぶのが「行」、縦に並ぶのが「列」です。漢字の形で覚えましょう。

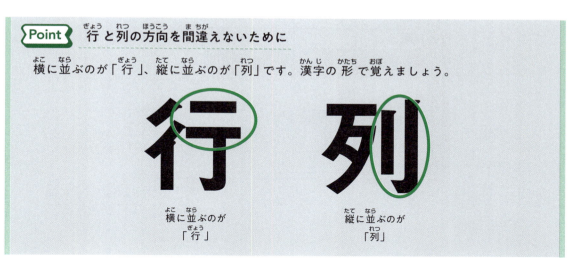

練習問題

課題1 サンプルを読み込んでアルバイト時給計算表を作成してみましょう。ここでは、平日とは月曜日から金曜日の、休日とは土曜日と日曜日とします。なお、入力する場合は3-7_課題1_入力.pdfを参考にしてください。

サンプル 3-7_課題1.xlsx

	A	B	C	D
1		アルバイト時給計算表		
2				
3	曜日	労働時間	合計	
4	月曜日	2	¥2,000	
5	火曜日	4	¥4,000	
6	水曜日	3	¥3,000	
7	木曜日	5	¥5,000	
8	金曜日	2	¥2,000	
9	土曜日	5	¥6,000	
10	日曜日	6	¥7,200	
11	合計	27	¥29,200	
12				
13	時給表			
14	曜日	時給		
15	平日	1000		
16	休日	1200		

完成例 3-7_課題1_完成例.xlsx

3-7 表の式と計算

ある回転寿司店の1日の売上表をもとに、商品ごとの売り上げに占める「割合」を求めます。そのあと、店ごとの売上達成率の計算を行います。

学ぶこと　3-7-1 割合の計算　3-7-2 達成率の計算

売上日報

	A	B	C	D
1	回転寿司「じろう」売上日報			6月12日
2				
3	品名	金額	割合	
4	まぐろ	13,500	14.3%	
5	いか	11,250	11.9%	
6	えび	8,250	8.7%	
7	あなご	9,750	10.3%	
8	ひらめ	12,000	12.7%	
9	中とろ	12,250	13.0%	
10	いくら	13,300	14.1%	
11	うに	14,000	14.8%	
12	合計金額	94,300	100.0%	
13				

→ 3-7-1 割合の計算

店舗別売上実績 表

	A	B	C	D	E
1	回転寿司「じろう」店舗別売上実績			2018年6月	
2					
3	店舗名	目標売上	売上	達成率	
4	銀座店	25,000,000	27,853,000	111.4%	
5	神田店	18,000,000	18,800,000	104.4%	
6	築地店	20,000,000	22,560,000	112.8%	
7	豊洲店	17,000,000	16,500,000	97.1%	
8	横浜店	22,000,000	20,800,500	94.5%	
9					

→ 3-7-2 達成率の計算

サンプル　3-7_回転寿司売上.xlsx、3-7_回転寿司お店別.xlsx、

完成例　3-7_回転寿司売上_完成例.xlsx、3-7_回転寿司お店別_完成例.xlsx、

3-7-1 割合の計算

割合とは全体に占める部分の比率のことです。ある回転寿司店の1日の売上表をもとに、各寿司ネタの全体に占める売上比率を計算してみましょう。

表示形式の設定

サンプル 3-7_回転寿司売上.xlsx

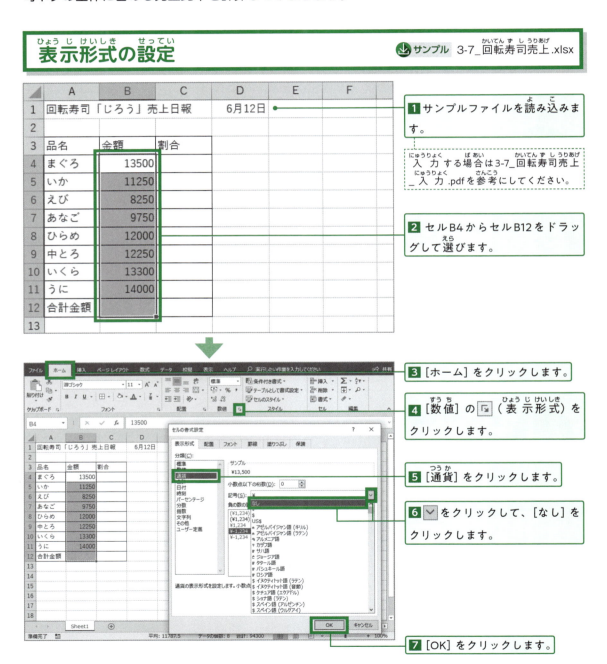

割合の計算

それぞれの割合は、各金額を合計金額で割ることで求めることができます。

◆ 合計金額の計算

まず、売上の合計金額を計算します。合計計算にはSUM関数を使います。

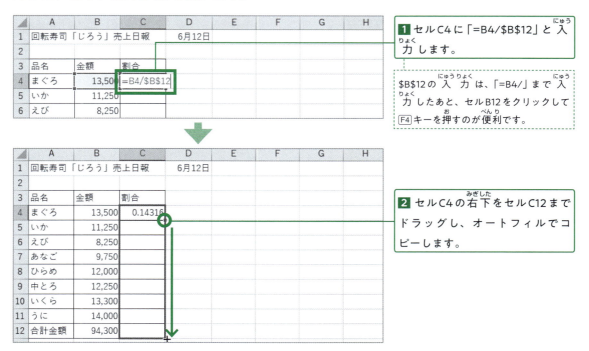

1 セルB12に「=SUM(B4:B11)」と入力し、Enterキーを押します。

セルB12をクリックして、[ホーム]タブの[オートSUM]をクリックしてもよいです。

◆ 割合の計算

合計金額をもとに、割合を求めます。式は「割合＝金額÷合計金額」です。合計金額はセルB12にあり、絶対参照を使います。

1 セルC4に「=B4/B12」と入力します。

B12の入力は、「=B4/」まで入力したあと、セルB12をクリックしてF4キーを押すのが便利です。

2 セルC4の右下をセルC12までドラッグし、オートフィルでコピーします。

割合を％（パーセント）表示にする

割合が計算されましたが小数点の表示になっています。見やすい％表示に変更します。

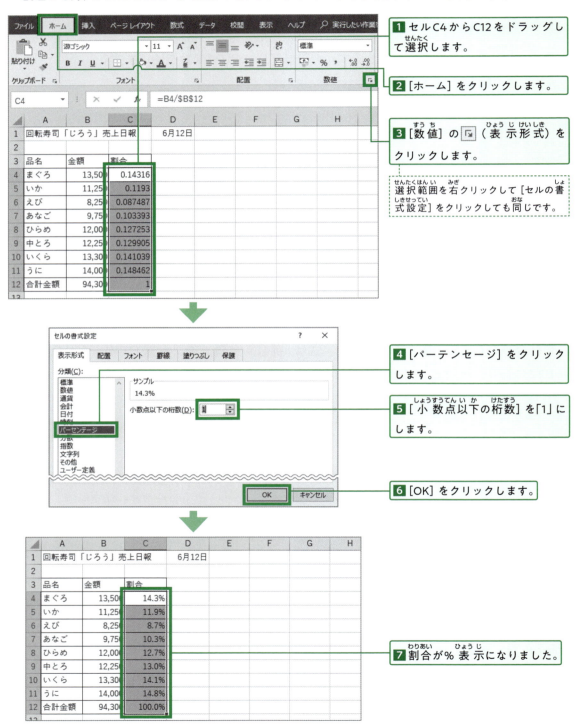

3-7-2 達成率の計算

店舗別の達成率を計算してみましょう。売上(実績)を目標売上(目標)で割ることで求めることができます。

表示形式の設定

サンプル 3-7_回転寿司お店別.xlsx

売上の数値を通貨の表示形式にします。

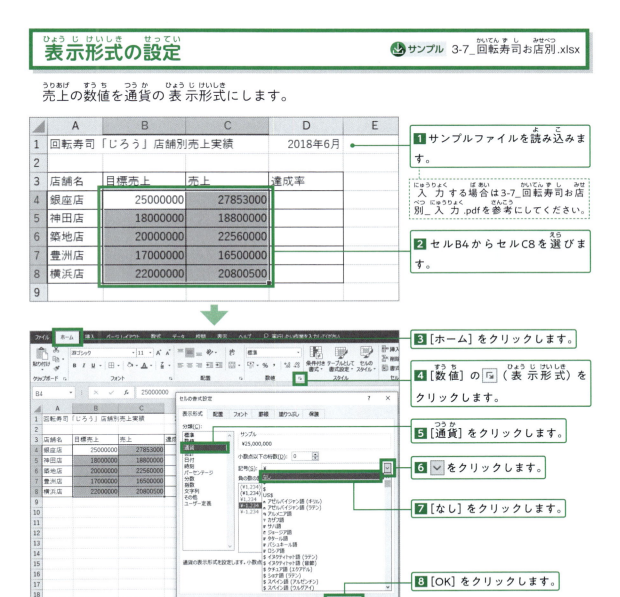

1 サンプルファイルを読み込みます。

入力する場合は3-7_回転寿司お店別_入力.pdfを参考にしてください。

2 セルB4からセルC8を選びます。

3 [ホーム]をクリックします。

4 [数値]の (表示形式)をクリックします。

5 [通貨]をクリックします。

6 をクリックします。

7 [なし]をクリックします。

8 [OK]をクリックします。

式の入力

達成率を求める式を入力します。

	A	B	C	D	E
1	回転寿司「じろう」店舗別売上実績			2018年6月	
2					
3	店舗名	目標売上	売上	達成率	
4	銀座店	25,000,000	27,853,000	=C4/B4	
5	神田店	18,000,000	18,800,000		
6	築地店	20,000,000	22,560,000		
7	豊洲店	17,000,000	16,500,000		
8	横浜店	22,000,000	20,800,500		
9					

1 セルD4に「=C4/B4」と入力します。

「=」を入力したあと、てセルC4、セルB4をクリックしても入力できます。

	A	B	C	D	E
1	回転寿司「じろう」店舗別売上実績			2018年6月	
2					
3	店舗名	目標売上	売上	達成率	
4	銀座店	25,000,000	27,853,000	1.11412	
5	神田店	18,000,000	18,800,000		
6	築地店	20,000,000	22,560,000		
7	豊洲店	17,000,000	16,500,000		
8	横浜店	22,000,000	20,800,500		
9					

2 Enterキーを押すと、達成率が表示されます。

	A	B	C	D	E
1	回転寿司「じろう」店舗別売上実績			2018年6月	
2					
3	店舗名	目標売上	売上	達成率	
4	銀座店	25,000,000	27,853,000	1.11412	
5	神田店	18,000,000	18,800,000		
6	築地店	20,000,000	22,560,000		
7	豊洲店	17,000,000	16,500,000		
8	横浜店	22,000,000	20,800,500		
9					

3 D4をクリックし、カーソルの右下にマウスを合わせます。

4 セルD4からセルD8までドラッグし、オートフィルでコピーします。

達成率を％（パーセント）表示にする

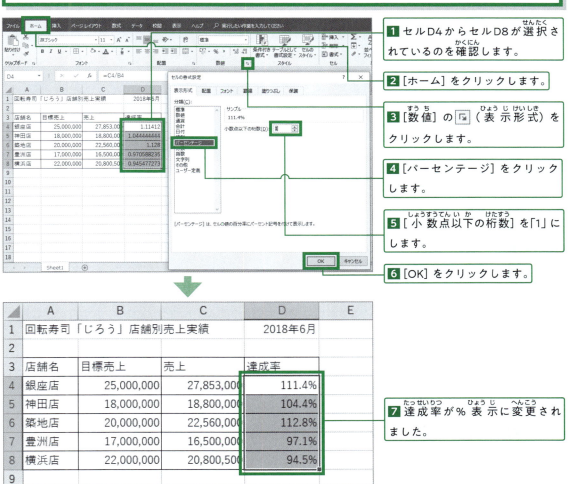

1 セルD4からセルD8が選択されているのを確認します。

2 [ホーム]をクリックします。

3 [数値]の 🔲 (表示形式)をクリックします。

4 [パーセンテージ]をクリックします。

5 [小数点以下の桁数]を「1」にします。

6 [OK]をクリックします。

7 達成率が％表示に変更されました。

練習問題

課題1 サンプルファイルを読み込んでファーストフード店売上一覧表を作成しましょう。合計を計算し、割合を求めましょう。入力する場合は3-7_課題1_入力.pdfを参考にしてください。

サンプル 3-7_課題1.xlsx

完成例

	A	B	C	D	E	F
1	マクドハンバーガー売上一覧表					
2				①	②	③
3	商品名	単価	数量	割合A	金額	割合B
4	ハンバーガー	200	20	30.8%	4,000	24.30%
5	チーズバーガー	250	18	27.7%	4,500	27.34%
6	ライスバーガー	280	5	7.7%	1,400	8.51%
7	フィッシュバーガー	280	12	18.5%	3,360	20.41%
8	えびかつバーガー	320	10	15.4%	3,200	19.44%
9	合計		65	100.0%	16,460	100.00%

① 割合Aは合計数量に対する各数量の割合です。小数第1位までの%表示にしましょう。
② 金額は「単価×数量」で求めます。
③ 割合Bは合計金額に対する各金額の割合です。小数第2位までの%表示にしましょう。

完成例 3-7_課題1_完成例.xlsx

課題2 サンプルファイルを読み込んでコンビニエンスストア店舗別売上表を作成しましょう。達成率を求めましょう。入力する場合は3-7_課題2_入力.pdfを参考にしてください。

サンプル 3-7_課題2.xlsx

完成例

	A	B	C	D	E	F	G	H	I	J
1	セブンマート店舗別売上表			【上半期】					単位：1000円	
2								①		②③
3	店舗名	1月	2月	3月	4月	5月	6月	上半期売上合計	上半期売上目標	達成率
4	目黒店	12,980	10,000	10,500	11,230	11,000	10,800	66,510	65,000	102.3%
5	五反田店	10,240	9,980	10,580	11,600	10,980	10,570	63,950	62,000	103.1%
6	蒲田店	11,000	10,060	12,790	14,580	13,260	11,870	73,560	75,000	98.1%
7	新丸子店	9,850	9,030	9,970	10,280	10,030	10,140	59,300	60,000	98.8%
8	菊名店	9,500	9,360	10,270	10,560	11,760	10,100	61,550	63,000	97.7%

④

① 上半期売上合計は1月～6月までの売上を合計します。
② 達成率は「上半期売上合計÷上半期売上目標」で求めます。
③ 達成率は%表示にしましょう。また、小数第1位まで表示しましょう。
④ 金額は桁区切りスタイルでカンマ表示にしましょう。

完成例 3-7_課題2_完成例.xlsx

3-8 グラフ機能

ここでは、表のデータをもとにグラフ作成の基本を学びます。円グラフを作成し、レイアウトやスタイルの変更を行います。

学ぶこと
- 3-8-1 円グラフの作成
- 3-8-2 グラフの移動とサイズ変更
- 3-8-3 グラフの色やレイアウト、スタイルの変更

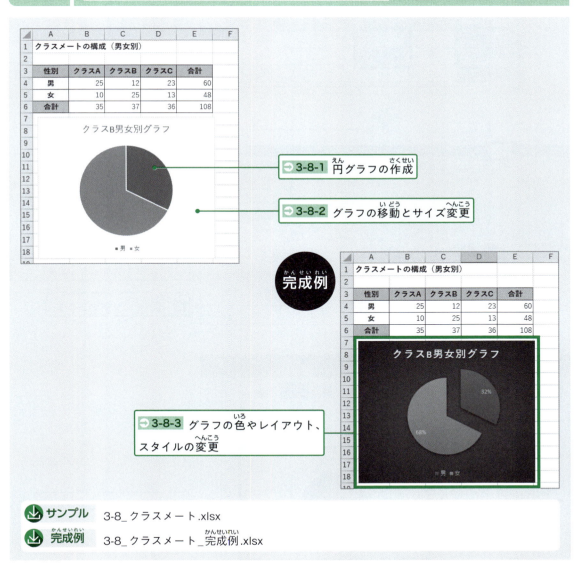

- 3-8-1 円グラフの作成
- 3-8-2 グラフの移動とサイズ変更
- 3-8-3 グラフの色やレイアウト、スタイルの変更

サンプル 3-8_クラスメート.xlsx
完成例 3-8_クラスメート_完成例.xlsx

3-8-1 円グラフの作成

円グラフは全体に対して各項目がどのくらいの割合を占めるかを表すときに使います。サンプルファイルをもとに円グラフを作成しましょう。

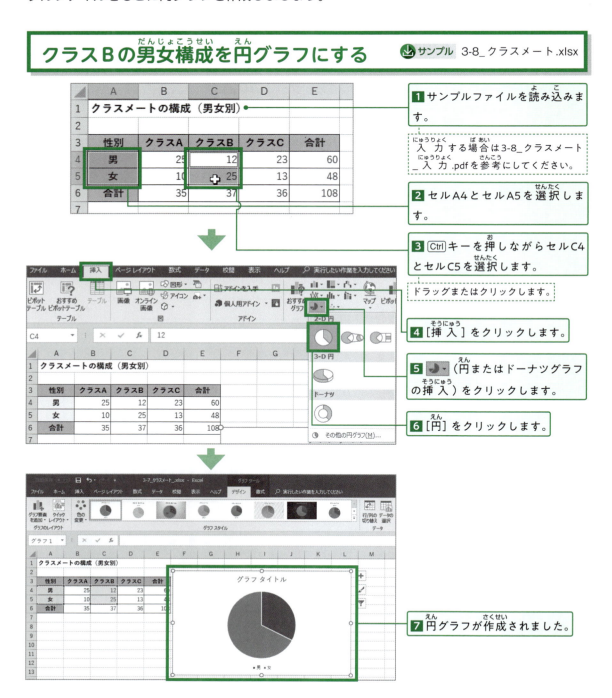

グラフタイトルの入力

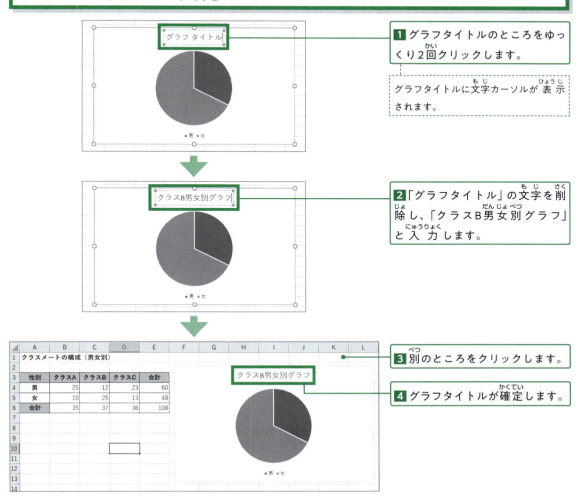

1. グラフタイトルのところをゆっくり2回クリックします。

   グラフタイトルに文字カーソルが表示されます。

2. 「グラフタイトル」の文字を削除し、「クラスB男女別グラフ」と入力します。

3. 別のところをクリックします。

4. グラフタイトルが確定します。

Point　グラフのショートカットツール

円グラフをクリックすると、右側に3つのボタンが表示されます。

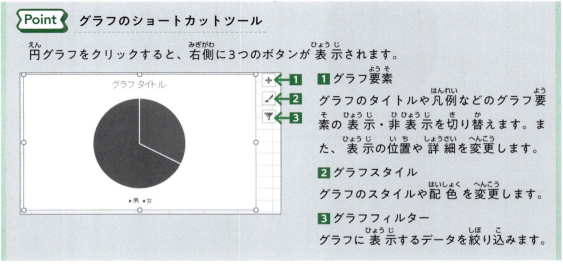

1. グラフ要素

   グラフのタイトルや凡例などのグラフ要素の表示・非表示を切り替えます。また、表示の位置や詳細を変更します。

2. グラフスタイル

   グラフのスタイルや配色を変更します。

3. グラフフィルター

   グラフに表示するデータを絞り込みます。

3-8-2 グラフの移動とサイズ変更

作成した円グラフの位置やサイズを変更します。

グラフの移動

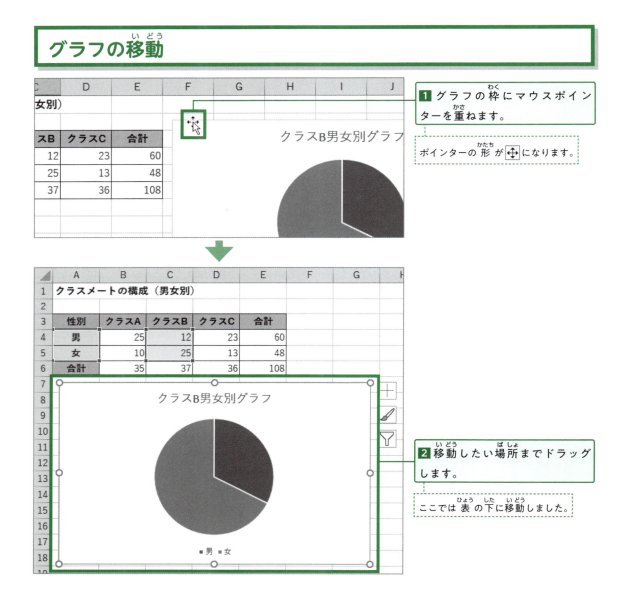

1. グラフの枠にマウスポインターを重ねます。
   ポインターの形が ✥ になります。

2. 移動したい場所までドラッグします。
   ここでは表の下に移動しました。

> **Point** グラフの配置
>
> Alt キーを押しながら、グラフの移動やサイズ変更を行うと、セルの枠線に合わせて配置されます。

グラフのサイズ変更

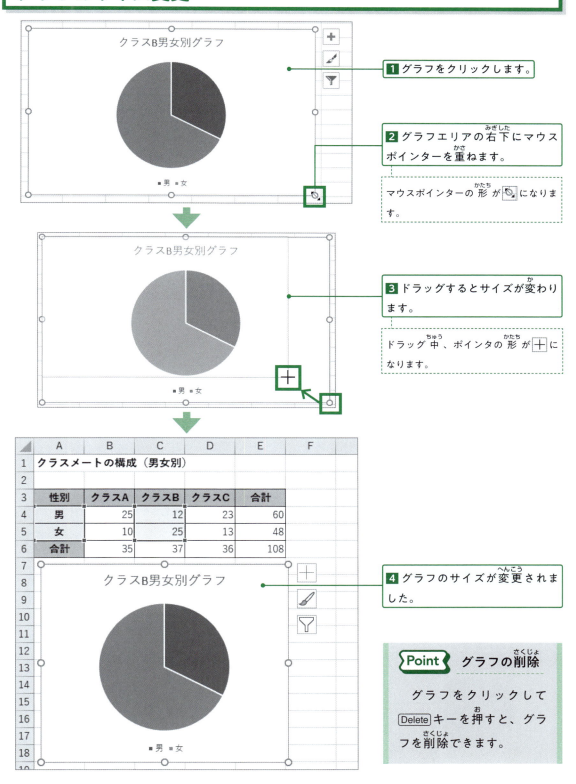

3-8-3 グラフの色やレイアウト、スタイルの変更

グラフの色やレイアウト、スタイルなどの変更について学びます。

グラフの色を変える

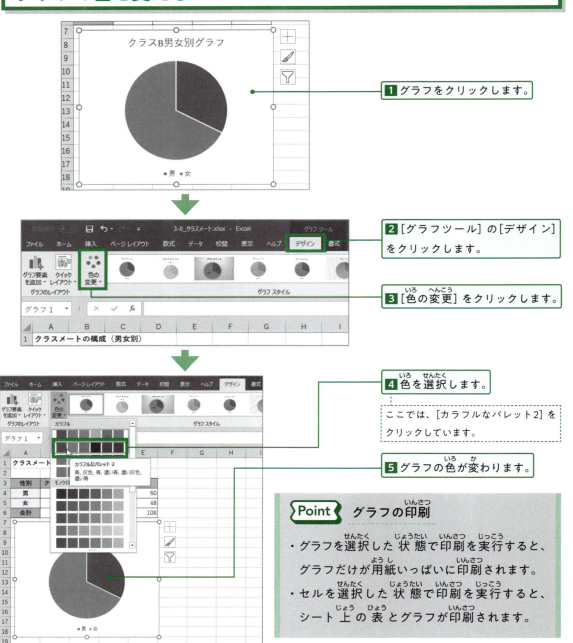

1. グラフをクリックします。
2. [グラフツール]の[デザイン]をクリックします。
3. [色の変更]をクリックします。
4. 色を選択します。

ここでは、[カラフルなパレット2]をクリックしています。

5. グラフの色が変わります。

Point グラフの印刷

・グラフを選択した状態で印刷を実行すると、グラフだけが用紙いっぱいに印刷されます。
・セルを選択した状態で印刷を実行すると、シート上の表とグラフが印刷されます。

グラフのレイアウトを変える

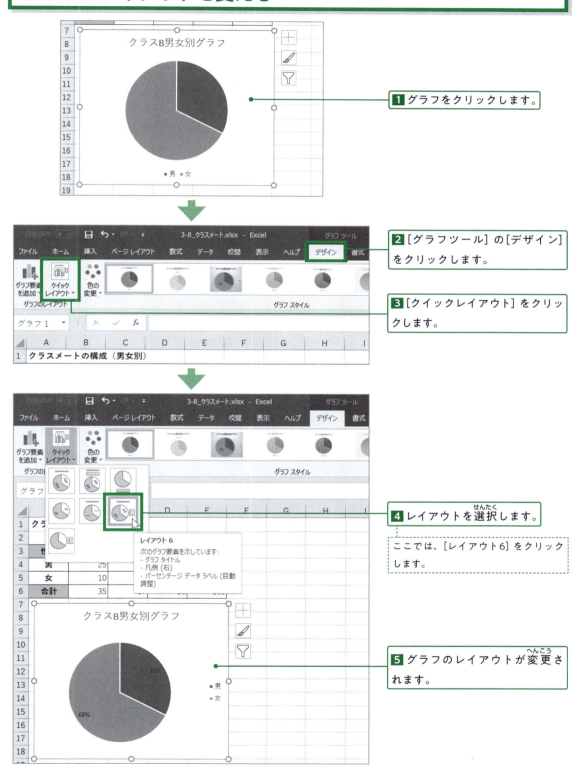

1 グラフをクリックします。

2 [グラフツール]の[デザイン]をクリックします。

3 [クイックレイアウト]をクリックします。

4 レイアウトを選択します。

ここでは、[レイアウト6]をクリックします。

5 グラフのレイアウトが変更されます。

グラフのスタイルを変える

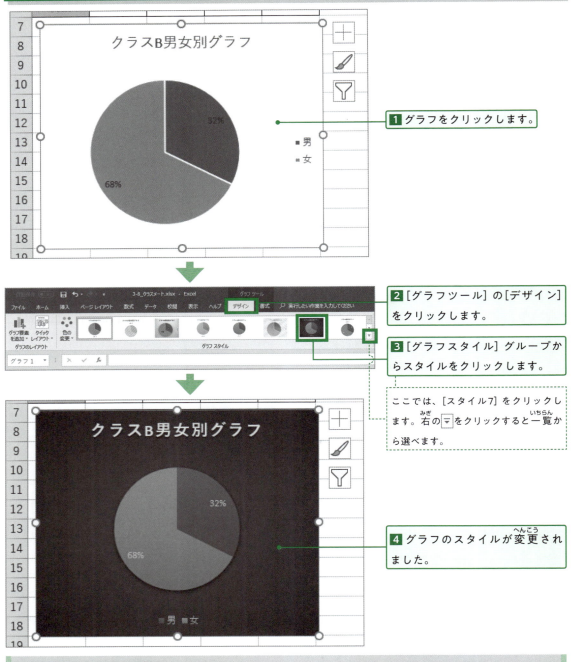

1. グラフをクリックします。
2. [グラフツール]の[デザイン]をクリックします。
3. [グラフスタイル]グループからスタイルをクリックします。

ここでは、[スタイル7]をクリックします。右の▼をクリックすると一覧から選べます。

4. グラフのスタイルが変更されました。

Point　グラフの更新

グラフはもとになるセル範囲と連動しています。もとになるデータを変更するとグラフも自動的に更新されます。

切り離し円

円グラフの一部を切り離すことで、円グラフの中で特定のデータ要素を強調できます。

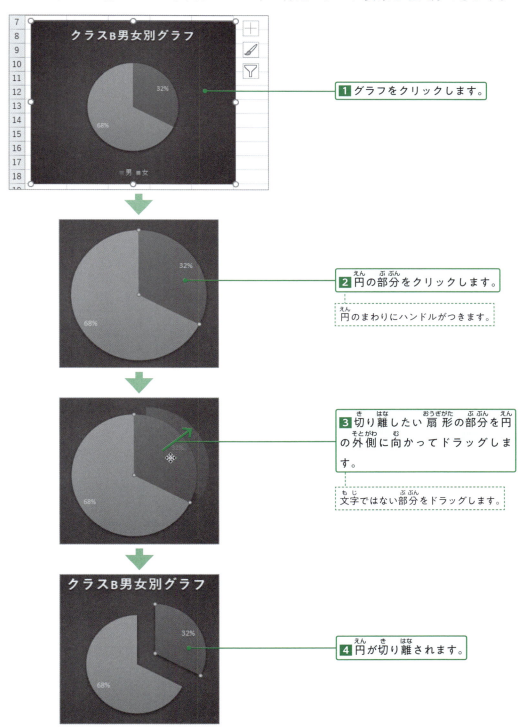

1 グラフをクリックします。

2 円の部分をクリックします。

円のまわりにハンドルがつきます。

3 切り離したい扇形の部分を円の外側に向かってドラッグします。

文字ではない部分をドラッグします。

4 円が切り離されます。

練習問題

サンプルファイルを使って次のような3-D円グラフを作成しましょう。入力する場合は3-8_課題1_入力.pdfを参考にしてください。

📥 サンプル 3-8_課題1.xlsx

完成例

クラスメートの構成（国別）

年代	クラスA	クラスB	クラスC	合計
ベトナム	12	15	12	39
バングラディッシュ	7	7	6	20
ネパール	4	7	5	16
ミャンマー	3	4	5	12
スリランカ	4	2	3	9
中国	3	1	3	7
モンゴル	2	1	2	5
合計	35	37	36	108

国別クラス

- モンゴル 5%
- 中国 6%
- スリランカ 8%
- ミャンマー 11%
- ネパール 15%
- バングラディッシュ 19%
- ベトナム 36%

📥 完成例 3-8_課題1_完成例.xlsx

3-9 棒グラフ

表のデータをもとに、棒グラフを作成します。棒グラフの種類を変えたり、グラフシートの設定について学びます。

学ぶこと
- 3-9-1 棒グラフの作成
- 3-9-2 棒グラフの種類や表示の変更
- 3-9-3 グラフシート

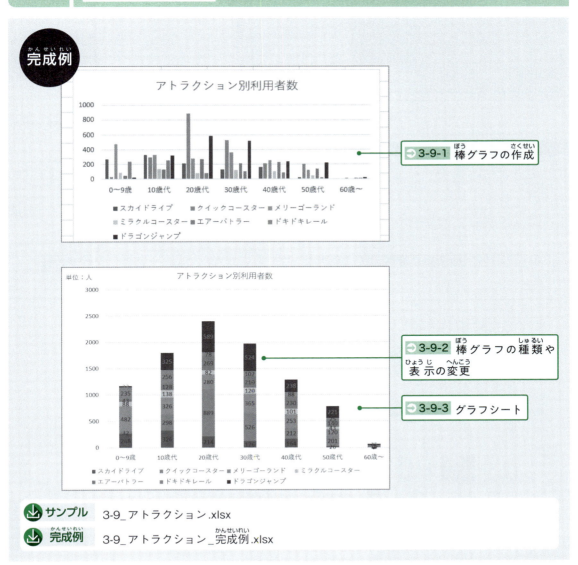

完成例

- 3-9-1 棒グラフの作成
- 3-9-2 棒グラフの種類や表示の変更
- 3-9-3 グラフシート

サンプル　3-9_アトラクション.xlsx
完成例　3-9_アトラクション_完成例.xlsx

3-9-1 棒グラフの作成

棒グラフはデータの推移を大小関係で表すときに使います。アトラクションの利用者数をもとに、年代別の棒グラフを作成します。

棒グラフの作成

サンプル 3-9_アトラクション.xlsx

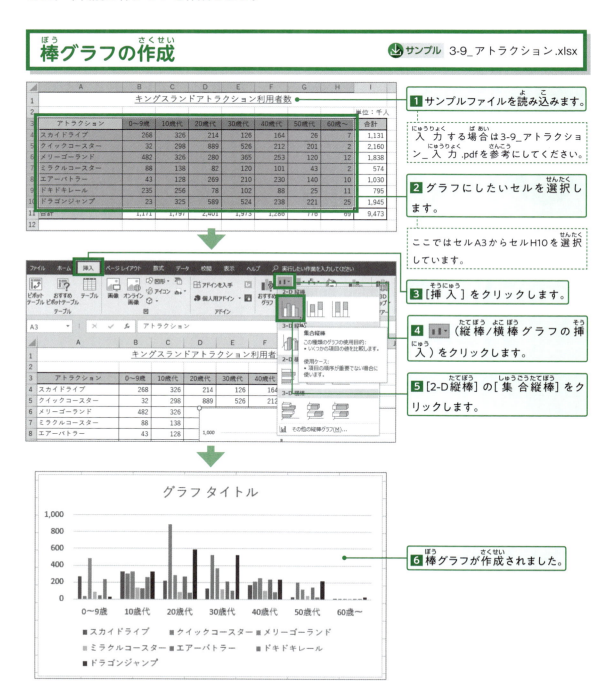

1 サンプルファイルを読み込みます。

入力する場合は3-9_アトラクション_入力.pdfを参考にしてください。

2 グラフにしたいセルを選択します。

ここではセルA3からセルH10を選択しています。

3 [挿入]をクリックします。

4 （縦棒/横棒グラフの挿入）をクリックします。

5 [2-D縦棒]の[集合縦棒]をクリックします。

6 棒グラフが作成されました。

グラフタイトルの入力

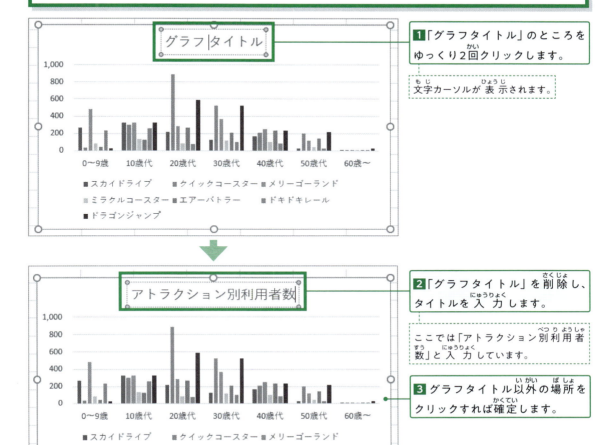

グラフの位置や大きさの変更

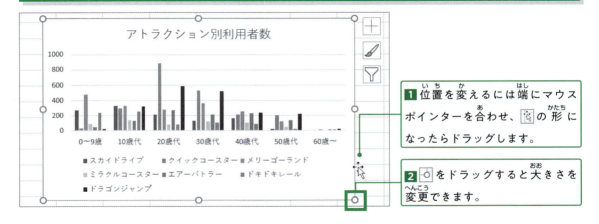

行/列の切り替え

グラフの年代とアトラクション（表の行と列）を切り替えてみます。

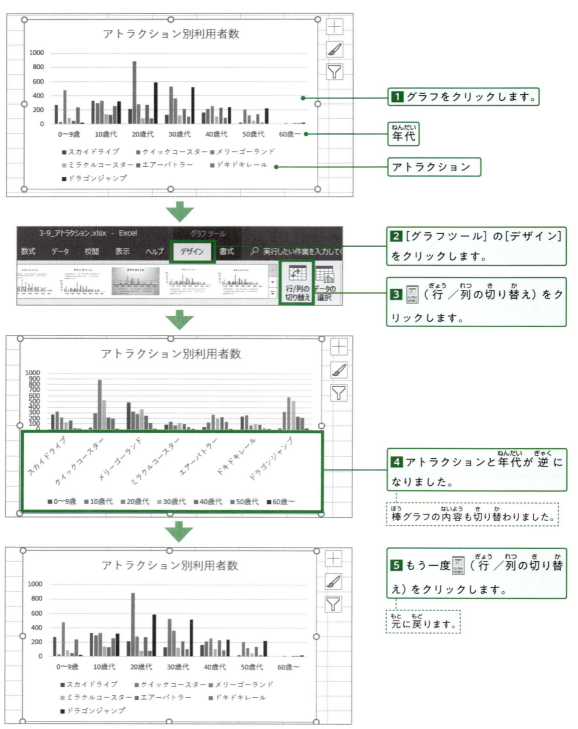

3-9-2 棒グラフの種類や表示の変更

棒グラフの種類を別のデザインに変更してみましょう。

グラフの種類の変更

1 グラフをクリックします。

2 [グラフツール]の[デザイン]をクリックします。

3 [グラフの種類の変更]をクリックします。

4 変更したい種類をクリックします。

ここでは、[積み上げ縦棒]をクリックします。

5 [OK]ボタンをクリックします。

6 グラフの種類が変更されます。

グラフにデータを表示

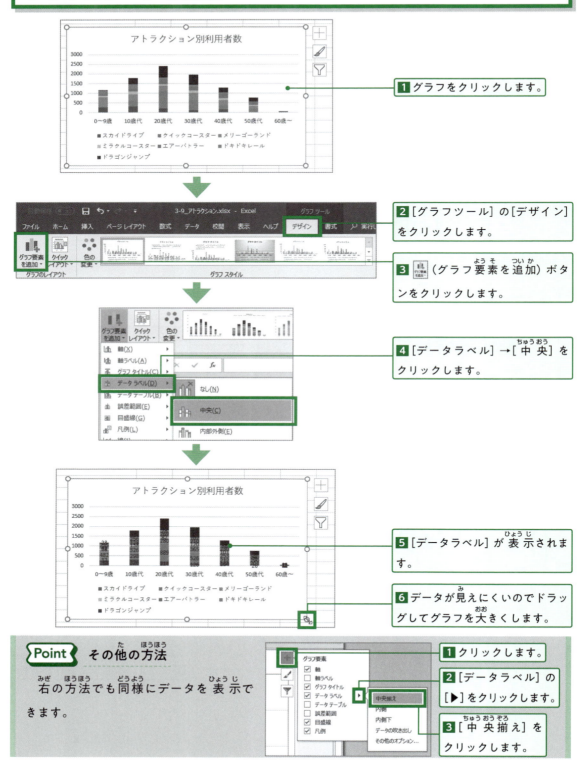

グラフに軸ラベルを表示

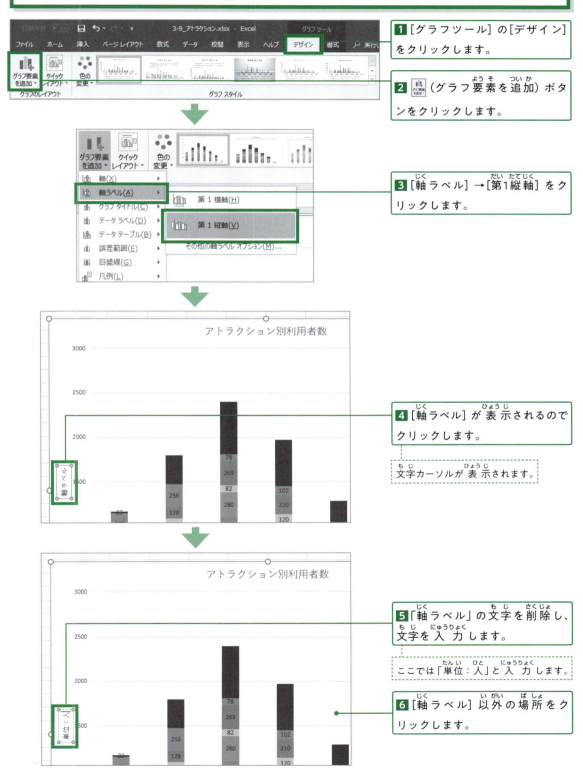

ラベルの位置やデータの色を設定

軸ラベルの位置を左上に変更したり、フォントの色を変えてグラフを見やすくします。

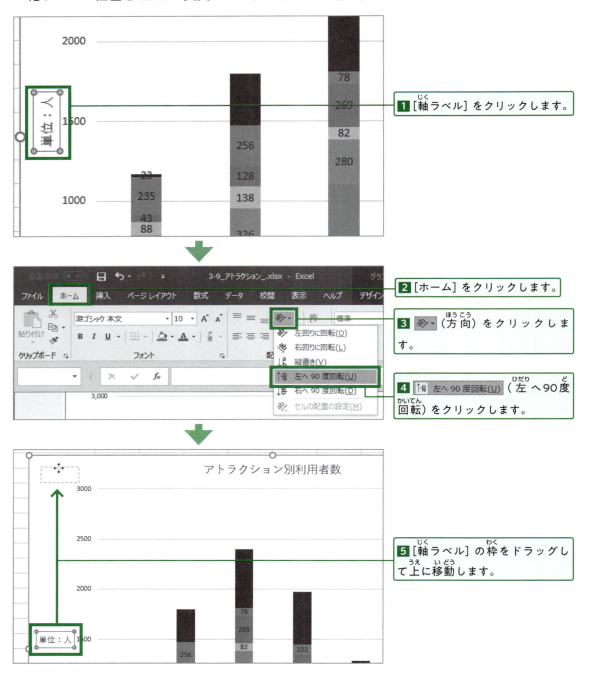

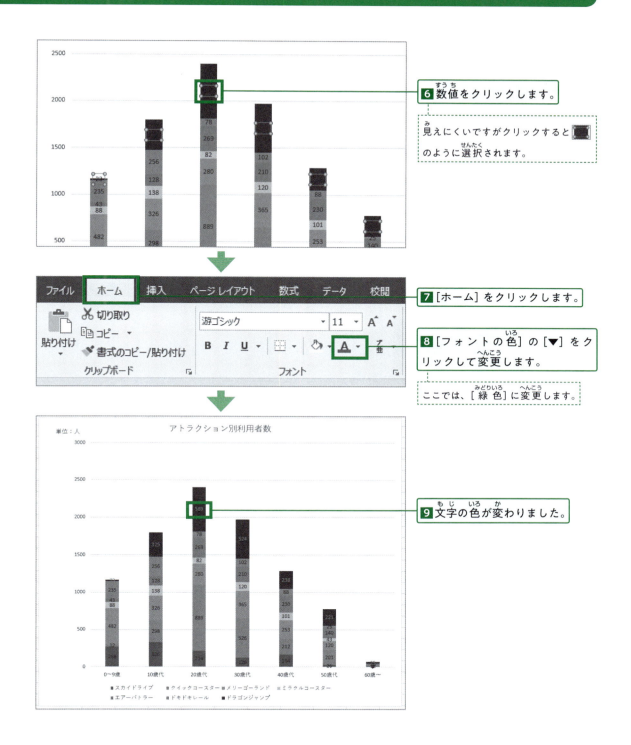

3-9-3 グラフシート

グラフだけのシートを作成します。

グラフシートの作成

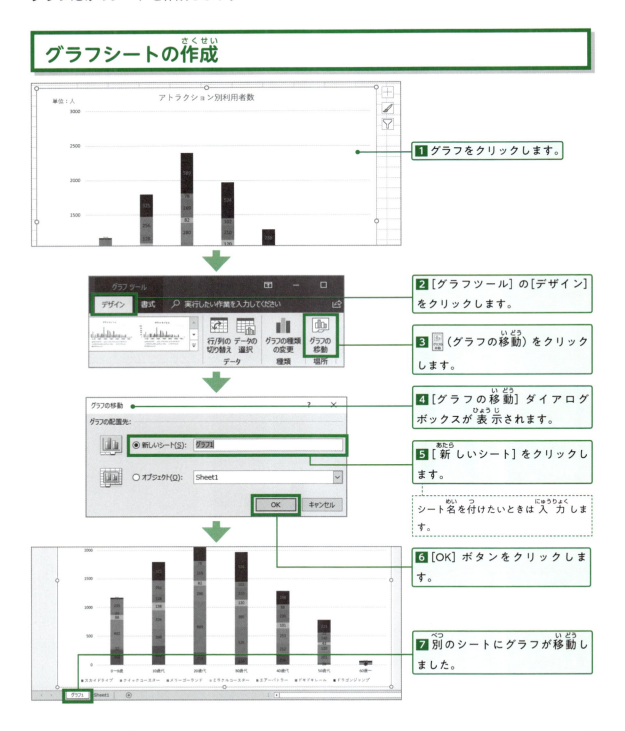

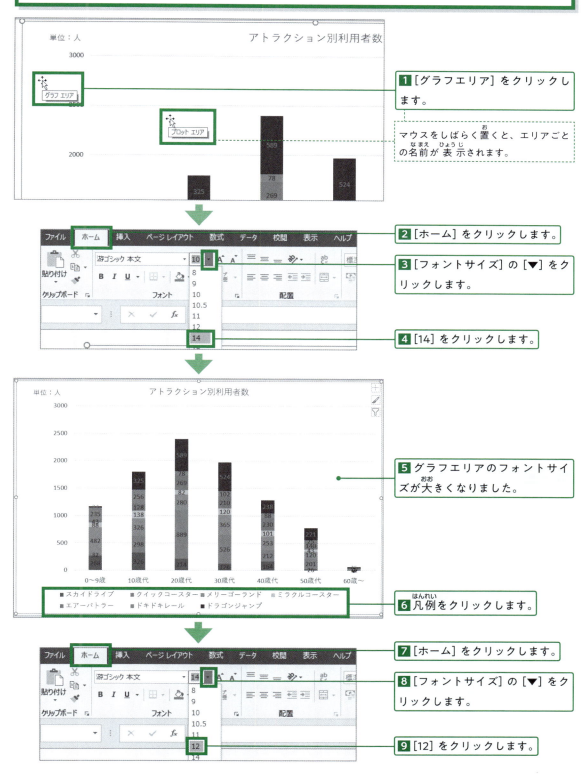

練習問題

課題1 サンプルファイルを使って、3-D 棒グラフをグラフシートに作成しましょう。ランキング5位までのグラフにしましょう。入力する場合は3-9_課題1_入力.pdfを参考にしてください。

サンプル 3-9_課題1.xlsx

	A	B	C	D	E	F
1	地域別留学生数ランキング					
2						
3					単位：人	
4	ランク	地方名	2016年	2017年	合計	構成比
5	1	近畿	242360	247232		
6		関東	243148	243589		
7		近畿	157170	167569		
8		九州	120648	131081		
9		中部	32040	45790		
10		中国	5815	7823		
11		近畿	4357	5345		
12		九州	3895	3647		
13		中部	2971	3210		
14		北海道	2734	2739		
15		東北	2018	1892		
16		中部	1670	1592		
17		中国	1450	1689		
18	総合計					

完成例

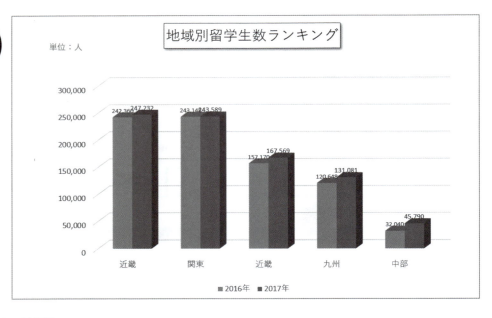

完成例 3-9_課題1_完成例.xlsx

3-10 折れ線グラフ・箱ひげ図

ここでは、折れ線グラフと箱ひげ図について学びます。

学ぶこと　→ 3-10-1 折れ線グラフの作成　→ 3-10-2 箱ひげ図

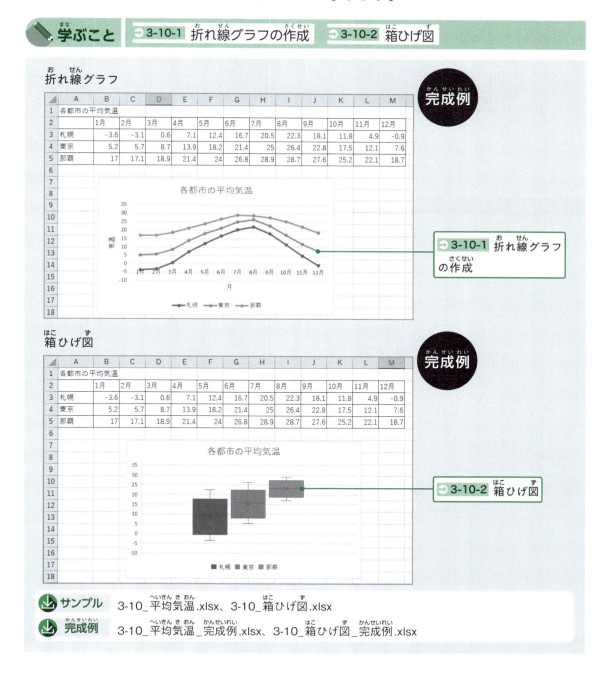

→ 3-10-1 折れ線グラフの作成

→ 3-10-2 箱ひげ図

サンプル　3-10_平均気温.xlsx、3-10_箱ひげ図.xlsx

完成例　3-10_平均気温_完成例.xlsx、3-10_箱ひげ図_完成例.xlsx

3-10-1 折れ線グラフの作成

各都市の各月の平均気温の表をもとに、折れ線グラフの作成をします。

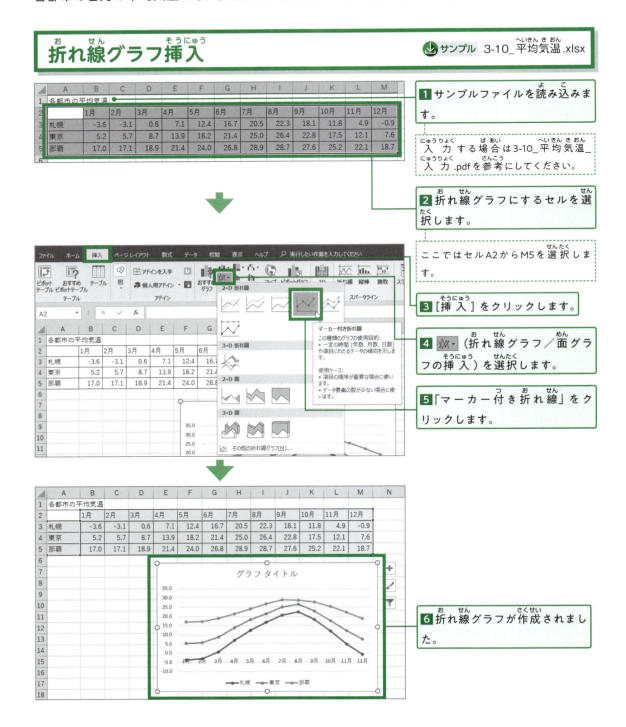

グラフのタイトルの入力

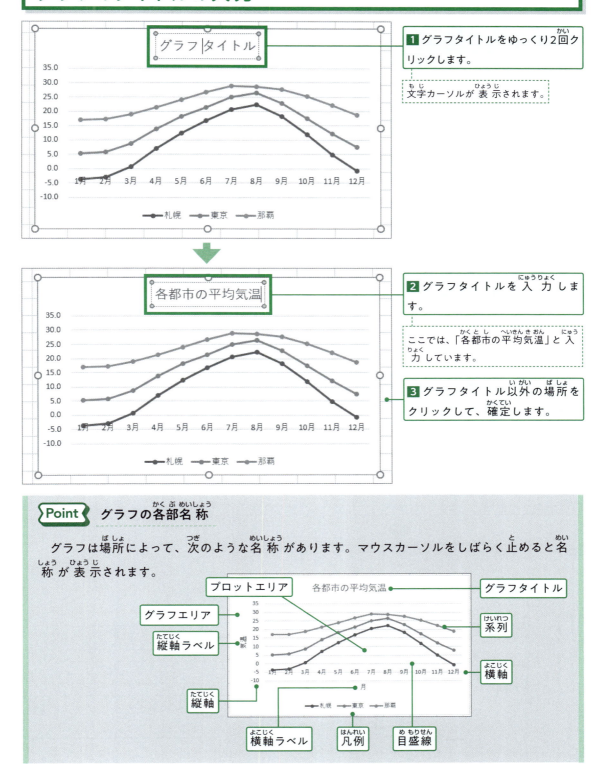

軸ラベルの追加1（横軸）

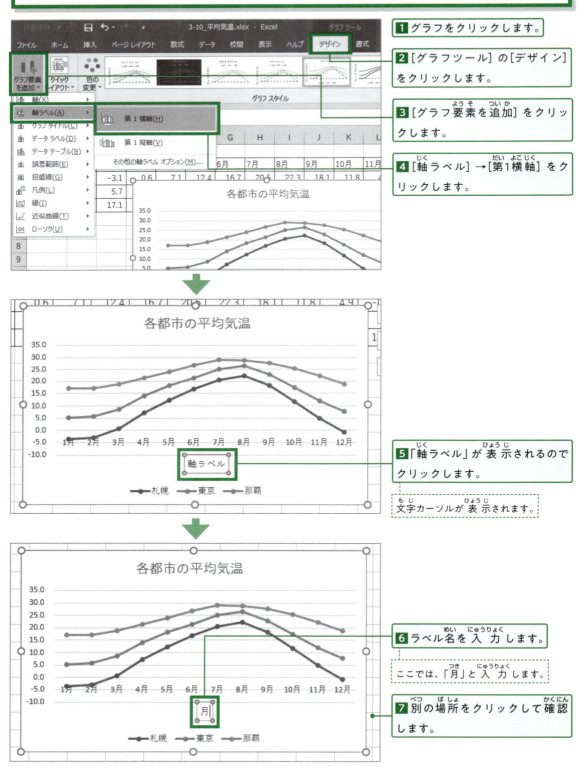

軸ラベルの追加2（縦軸）

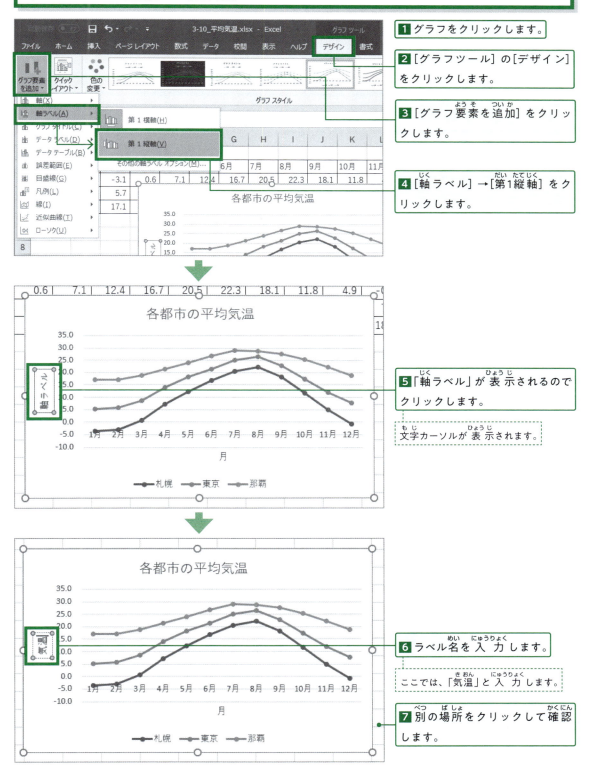

3-10-2 箱ひげ図

各都市ごとの気温を箱ひげ図にして比べてみます。

箱ひげ図の挿入

サンプル 3-10_箱ひげ図.xlsx

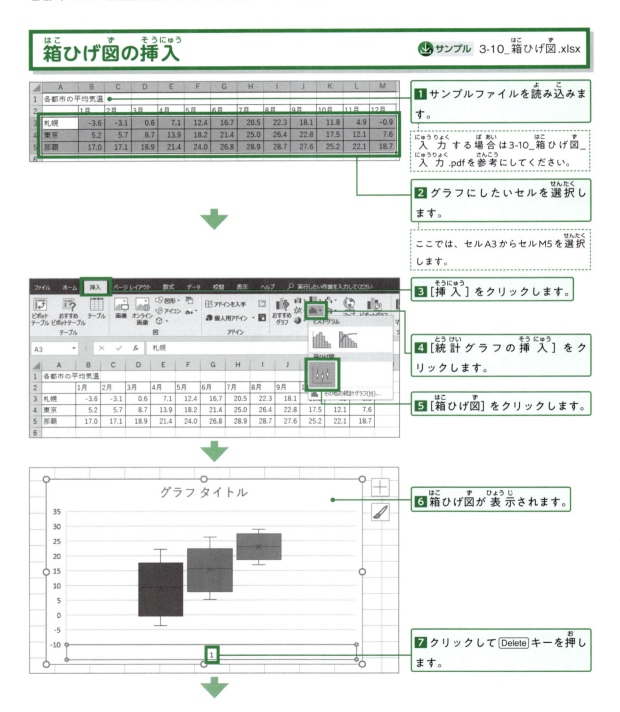

1 サンプルファイルを読み込みます。

入力する場合は3-10_箱ひげ図_入力.pdfを参考にしてください。

2 グラフにしたいセルを選択します。

ここでは、セルA3からセルM5を選択します。

3 [挿入]をクリックします。

4 [統計グラフの挿入]をクリックします。

5 [箱ひげ図]をクリックします。

6 箱ひげ図が表示されます。

7 クリックして Delete キーを押します。

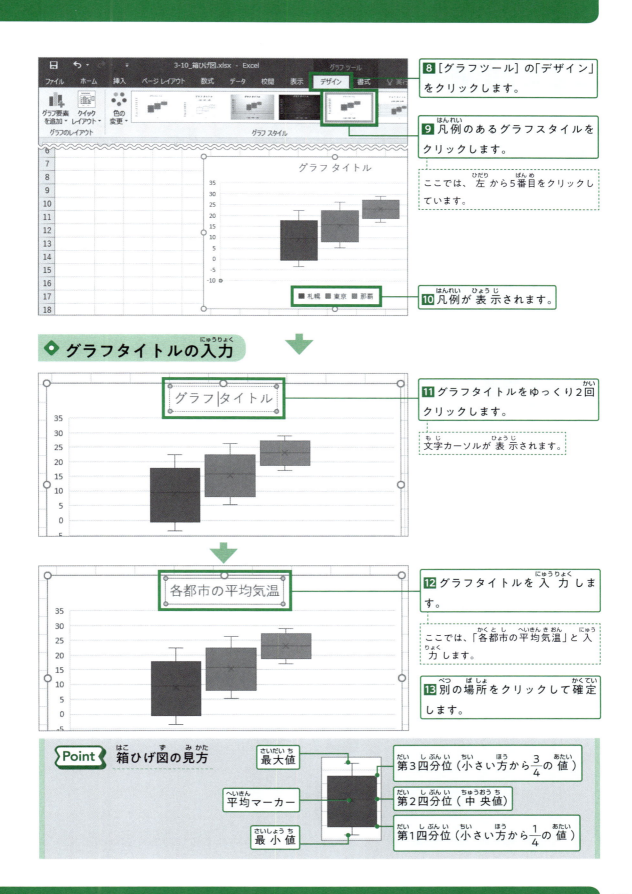

練習問題

 課題1 サンプルファイルを読み込んで折れ線グラフと箱ひげ図を作成しましょう。入力する場合は3-10_課題1_入力.pdfを参考にしてください。

サンプル 3-10_課題1.xlsx

	A	B	C	D	E	F	G	H	I	J	K	L	M
1	各都市の平均気温												
2		1月	2月	3月	4月	5月	6月	7月	8月	9月	10月	11月	12月
3	仙台	1.6	2	4.9	10.3	15	18.5	22.2	24.2	20.7	15.2	9.4	4.5
4	横浜	5.9	6.2	9.1	14.2	18.3	21.3	25	26.7	23.3	18	13	8.5
5	京都	4.6	5.1	8.4	14.2	19	23	26.8	28.2	24.1	17.8	12.1	7
6	福岡	6.6	7.4	10.4	15.1	19.4	23	27.2	28.1	24.4	19.2	13.8	8.9
7													

・折れ線グラフ

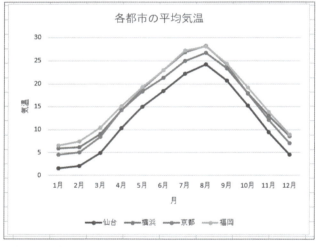

・箱ひげ図

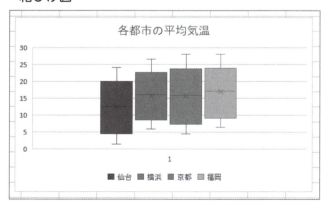

完成例 3-10_課題1_完成例（折れ線グラフ）.xlsx、3-10_課題1_完成例（箱ひげ図）.xlsx、

3-11 シート間の参照と画像・図形の挿入

2つのシート間でセルのデータを参照します。さらにコメント、画像、図形の挿入について学びます。

学ぶこと
- 3-11-1 別シートのセルを参照
- 3-11-2 コメントの挿入と削除
- 3-11-3 画像の挿入
- 3-11-4 図形の挿入

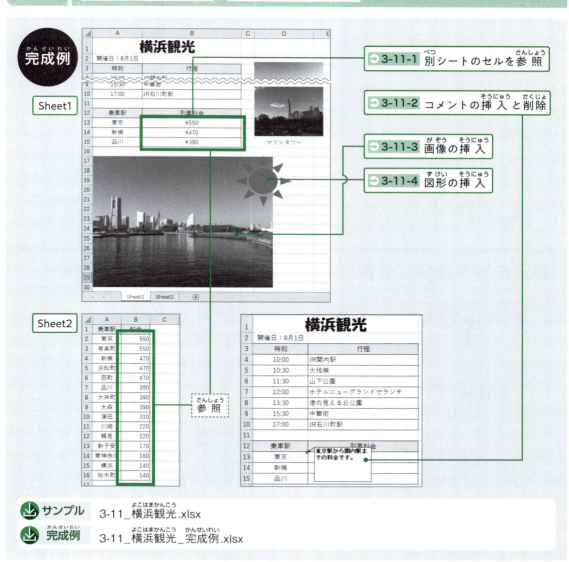

サンプル 3-11_横浜観光.xlsx
完成例 3-11_横浜観光_完成例.xlsx

3-11-1 別シートのセルを参照

サンプルファイルは、横浜を観光するスケジュール表です。画面の下方にあるワークシートのタブを見ると、2つのシートがあり、Sheet1には「横浜観光」、Sheet2には、電車の料金表があります。ここでは、別のシートをセルを参照して、表示する方法を学びます。

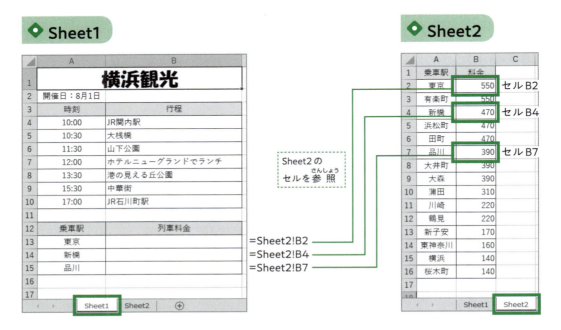

表示形式を通貨に変更

サンプル 3-11_横浜観光.xlsx

1. サンプルファイルを読み込みます。
2. セルB13からセルB15を選択します。
3. [ホーム]をクリックします。
4. [数値]の横の 🔲 をクリックします。
5. [通貨]をクリックします。
6. [OK]をクリックします。

別シートを参照先に指定(クリックする方法)

別シートのセルを参照するには、「シート名!セル番地」の形式で入力する方法と、クリックして入力する方法があります。ここではクリックで入力します。

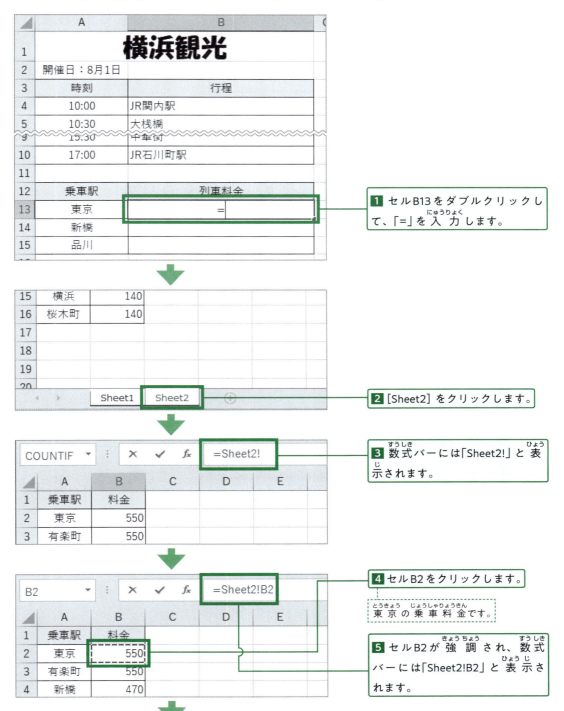

別シートのセルを参照先に指定（入力する方法）

セル番地を直接入力する方法です。

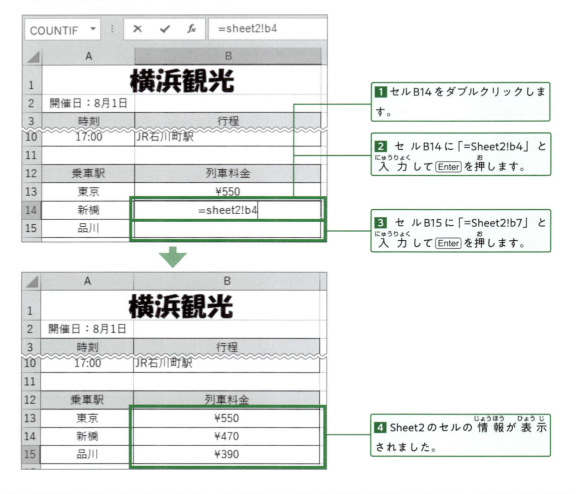

3-11-2 コメントの挿入と削除

セルにコメント(注釈)を挿入することができます。挿入した注釈は削除することもできます。

コメントの挿入

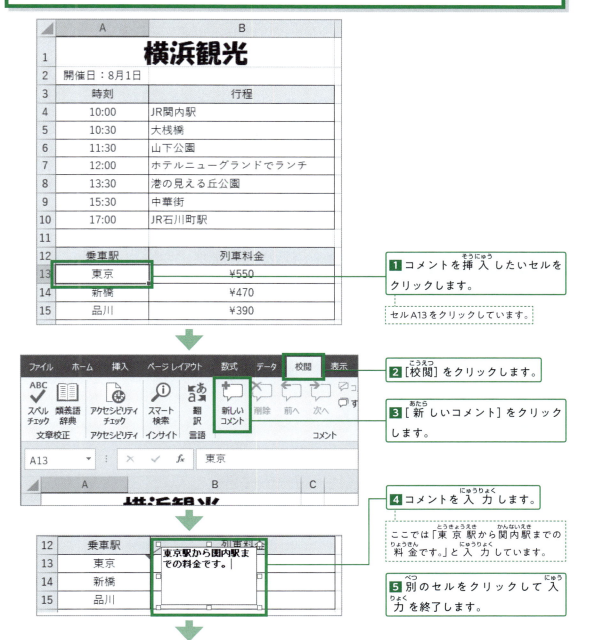

1 コメントを挿入したいセルをクリックします。

セルA13をクリックしています。

2 [校閲]をクリックします。

3 [新しいコメント]をクリックします。

4 コメントを入力します。

ここでは「東京駅から関内駅までの料金です。」と入力しています。

5 別のセルをクリックして入力を終了します。

6 セルA13の右上にが表示されます。

7 にあるセルにマウスポインターを合わせるとコメントが表示されます。

ここでは、セルA13にマウスポインターを合わせています。

コメントの削除

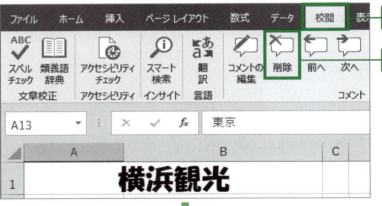

1 削除したいセルをクリックします。

ここでは、セルA13をクリックします。

2 [校閲]をクリックします。

3 [削除]をクリックします。

4 コメントが削除されました。

コメントが削除されると、セルの右上のが消えます。

3-11-3 画像の挿入

シートに画像を挿入し、色や線などの書式設定を行います。

画像の挿入

⬇ サンプル yokohama.jpg、yamashita.jpg、marin.jpeg

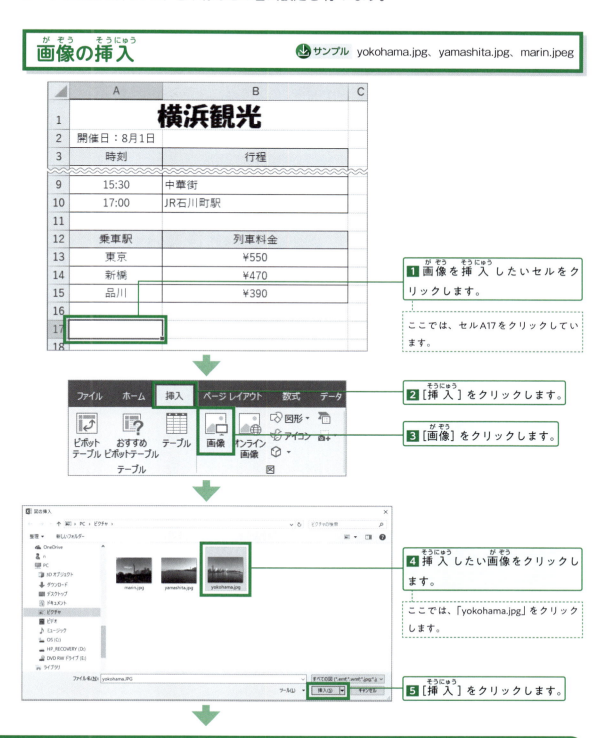

1 画像を挿入したいセルをクリックします。

ここでは、セルA17をクリックしています。

2 [挿入] をクリックします。

3 [画像] をクリックします。

4 挿入したい画像をクリックします。

ここでは、「yokohama.jpg」をクリックします。

5 [挿入] をクリックします。

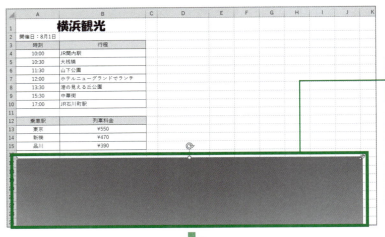

6 挿入された画像の大きさと位置を調節します。

画像の〇部分をドラッグすると大きさが変わります。

画像をドラッグすると位置を動かすことができます。

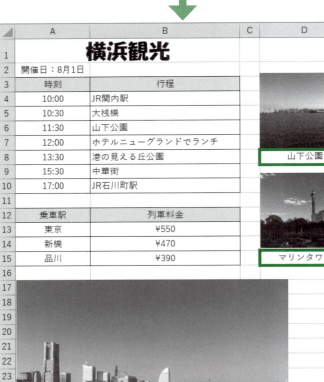

7 「yamashita.jpg」を図のように挿入します。

8 画像の下に「山下公園」と入力します。

9 「marin.jpg」を図のように挿入します。

10 画像の下に「マリンタワー」と入力します。

3-11-4 図形の挿入

Excelに用意された図形を挿入してみましょう。

図形の挿入

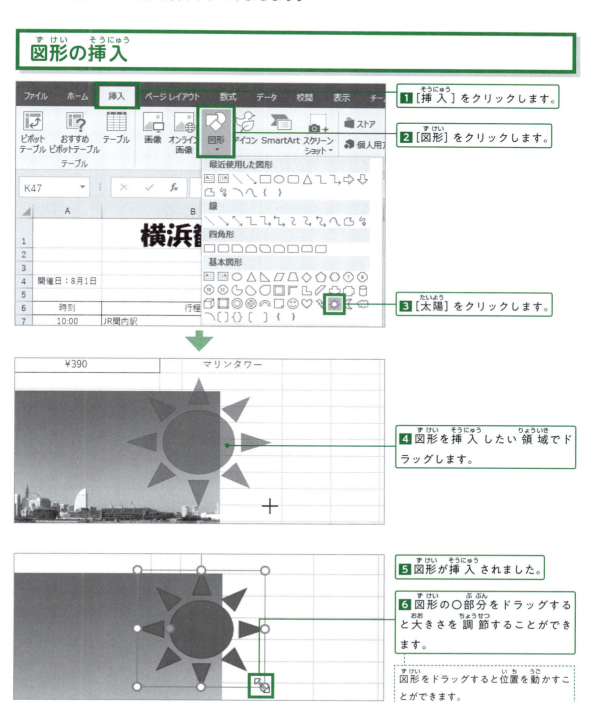

1. [挿入]をクリックします。
2. [図形]をクリックします。
3. [太陽]をクリックします。
4. 図形を挿入したい領域でドラッグします。
5. 図形が挿入されました。
6. 図形の○部分をドラッグすると大きさを調節することができます。

図形をドラッグすると位置を動かすことができます。

図形の書式設定

1 図形の上で右クリックします。

2 [図形の書式設定]をクリックします。

3 [塗りつぶし]と[線]の ▷ をクリックして下の項目を表示します。

すでに下の項目が表示されているときは次の手順に進みます。

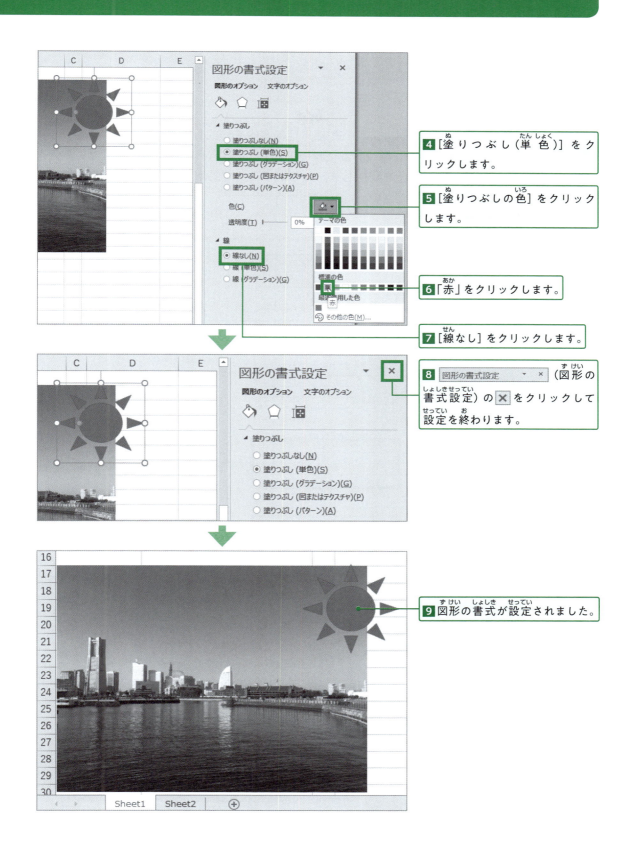

練習問題

課題1

サンプルファイルを読み込んで、京都旅行の案内を作成してみましょう。新幹線料金は「Sheet2」から、入場料は「Sheet3」から読み込みましょう。画像は[挿入]タブの[オンライン画像]を利用しましょう。入力する場合は3-11_京都旅行_入力.pdfを参考にしてください。

⬇ サンプル 3-11_京都旅行.xlsx

完成例

京都旅行

日付	時刻	行程
9月1日	10:00	京都駅集合
	11:00	清水寺
	12:00	八坂神社
	14:00	二条城
	17:00	ホテル着
9月2日	10:00	ホテル発
	11:00	金閣寺
	12:00	龍安寺
	15:00	京都タワー
	17:00	京都駅解散

乗車駅	新幹線料金
東京	¥13,910
品川	¥13,910
新横浜	¥13,250
名古屋	¥5,800

場所	入場料
清水寺	¥400
二条城	¥600
金閣寺	¥400
龍安寺	¥500
京都タワー	¥770

金閣寺で記念写真を撮影します。

- フォント:HGP創英角ポップ体
- フォントサイズ:36
- オンライン画像を利用

※注意
オンライン画像はなくなっていたり、ダウンロードエラーになることがあります。そのときは好きな画像を選んで使用してください。

- Sheet2から読み込み
- Sheet3から読み込み
- 図形:思考の吹き出し、雲形

Sheet1

Sheet2

	A	B	C	D
1	乗車駅	料金		
2	東京	¥13,910		
3	品川	¥13,910		
4	新横浜	¥13,250		
5	名古屋	¥5,800		
6				

Sheet3

	A	B	C	D
1	場所	入場料		
2	清水寺	¥400		
3	二条城	¥600		
4	金閣寺	¥400		
5	龍安寺	¥500		
6	京都タワー	¥770		

⬇ 完成例 3-11_京都旅行_完成例.xlsx

3-12 関数と数式の基本

Excelには、表計算のための関数が多く用意されています。3-5では、指定したセルの「合計」を計算する「SUM関数」や「平均」を計算する「AVERAGE関数」を学習しましたが、ここではもっと詳しく関数のしくみや使い方を学びます。

学ぶこと
- 3-12-1 関数の基本
- 3-12-2 合計
- 3-12-3 平均
- 3-12-4 最大
- 3-12-5 最小

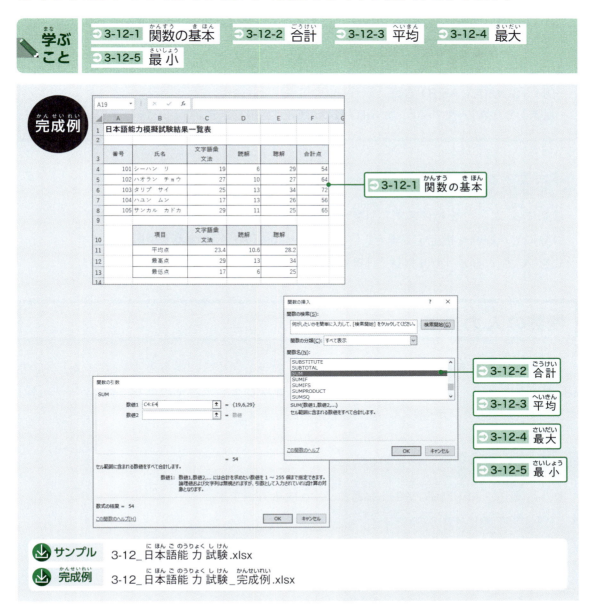

サンプル 3-12_日本語能力試験.xlsx
完成例 3-12_日本語能力試験_完成例.xlsx

3-12-1 関数の基本

関数のしくみと決まりごとを確認します。

関数のしくみ

◆ 関数の書き方

```
＝関数名（引数1,引数2,引数3,…）

例：=SUM(A1:A5,B1,C1)
意味：セルA1～セルA5、セルB1とセルC1を合計します。
```

◆ 関数の決まりごと

最初に必ず「=」を付けます。引数が複数ある場合、「,」を使います。
引数にセル範囲を指定する場合、「:」を使用して、「A1:A5」のように指定します。
式を入力すると、セルには「計算結果」、数式バーには「式」が表示されます。

関数の入力方法

関数の入力方法は複数あります。3-5では「オートSUM」による方法（[ホーム]タブの[編集]グループ）と、「直接入力」する方法を学びました。そのほか、数式バーの[fx]ボタンや[数式]タブからも入力する方法があります。

◆ 直接入力する

セルに直接「=SUM(A1:A2)」などと入力する方法です。

	A	B	C
1	3	=sum(A1,A2)	
2	5		
3			

◆ 数式バーの [fx]（関数の挿入）ボタン

数式バーの [fx]（関数の挿入）ボタンをクリックして、[関数の挿入] ダイアログから目的の関数を選ぶ方法です。

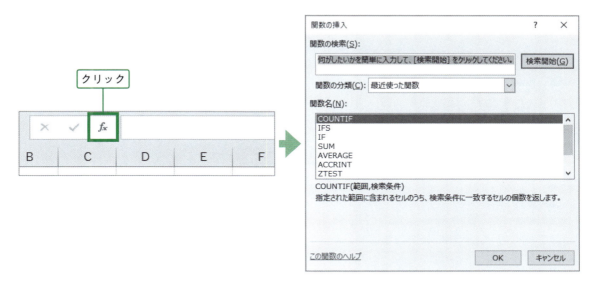

◆ [ホーム] タブの [オート SUM] ボタン

合計や平均などの関数が一覧から選べます。一番下の [その他の関数] をクリックすると数式バーと同じ [関数の挿入] ダイアログが表示されます。

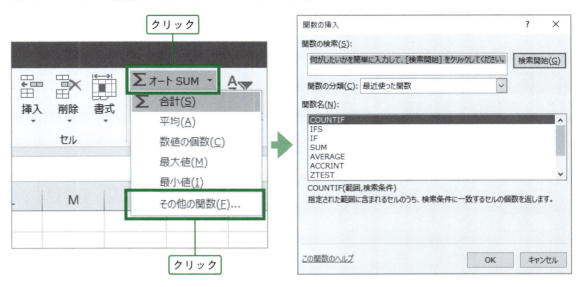

◆ [数式] タブ

[数式] タブにはさまざまな関数がジャンル別に分類されています。[fx] ボタン（一番左）や [オートSUM] ボタン（左から2番目）もあります。また、「最近使った関数」はよく使う関数にすぐにアクセスできるので便利です。

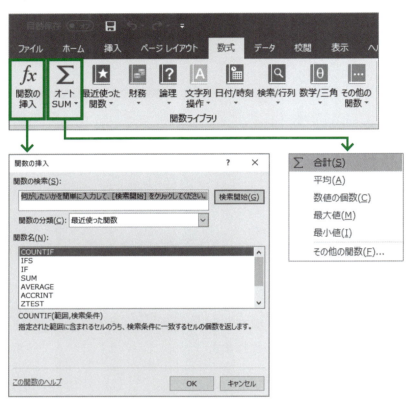

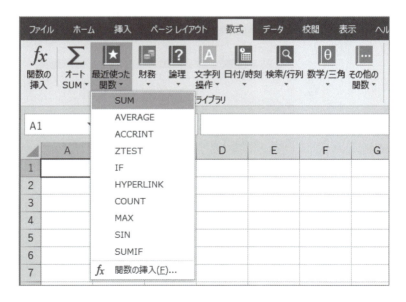

入力した関数の修正方法

◆ ダブルクリックして修正

セルに入力した関数を修正したいとき、修正したいセルをダブルクリックすれば、式が表示されます。ほかにも、セルをクリックして数式バーから修正できます。

◆ [fx]（関数の挿入）ボタンで修正

修正したいセルで、[fx]（関数の挿入）を押すと、「関数の引数」ダイアログが表示され、修正できます。

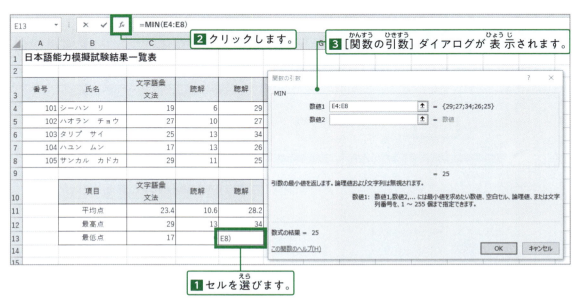

3-12-2 合計

サンプルを使って、関数を挿入しましょう。ここでは合計について計算します。

SUM関数で合計を求める

サンプル 3-12_日本語能力試験.xlsx

「数式バー」の横にある[fx]ボタンを用いた関数の挿入方法を学びます。

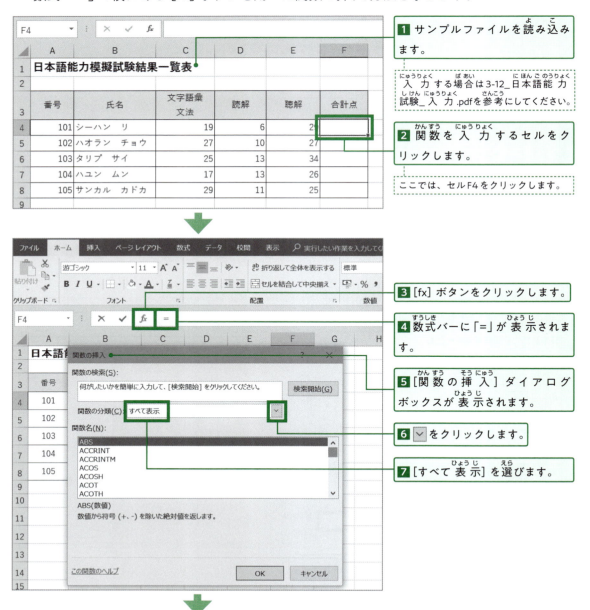

1 サンプルファイルを読み込みます。

入力する場合は3-12_日本語能力試験_入力.pdfを参考にしてください。

2 関数を入力するセルをクリックします。

ここでは、セルF4をクリックします。

3 [fx]ボタンをクリックします。

4 数式バーに「=」が表示されます。

5 [関数の挿入]ダイアログボックスが表示されます。

6 ∨ をクリックします。

7 [すべて表示]を選びます。

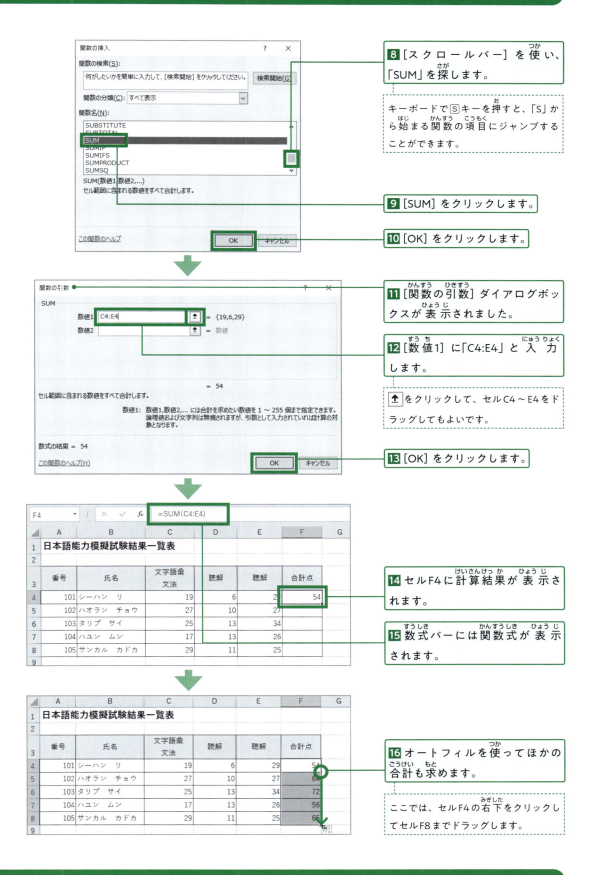

3-12-3 平均

AVERAGE関数を使って平均値（平均点）を計算しましょう。

AVERAGE関数で平均を求める

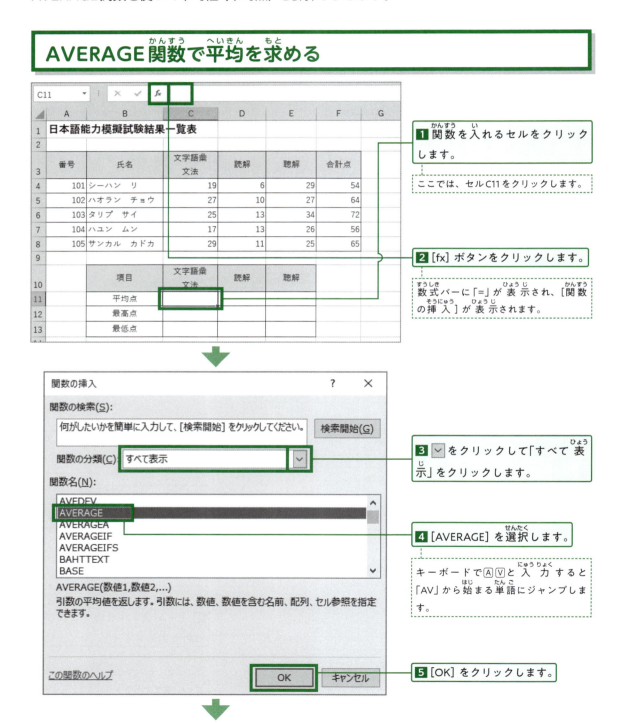

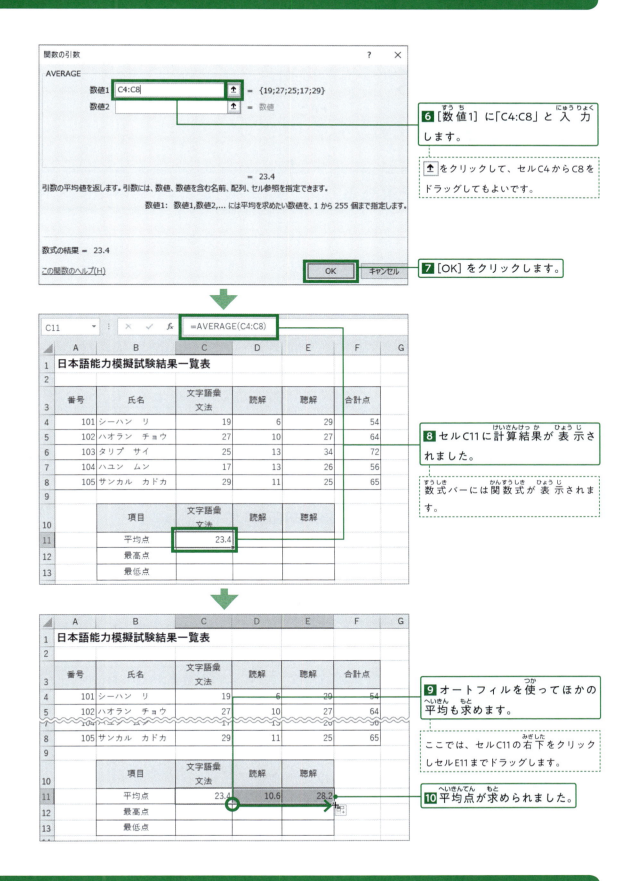

3-12-4 最大

MAX関数を使って最大値を計算しましょう。

MAX関数で最大値を求める

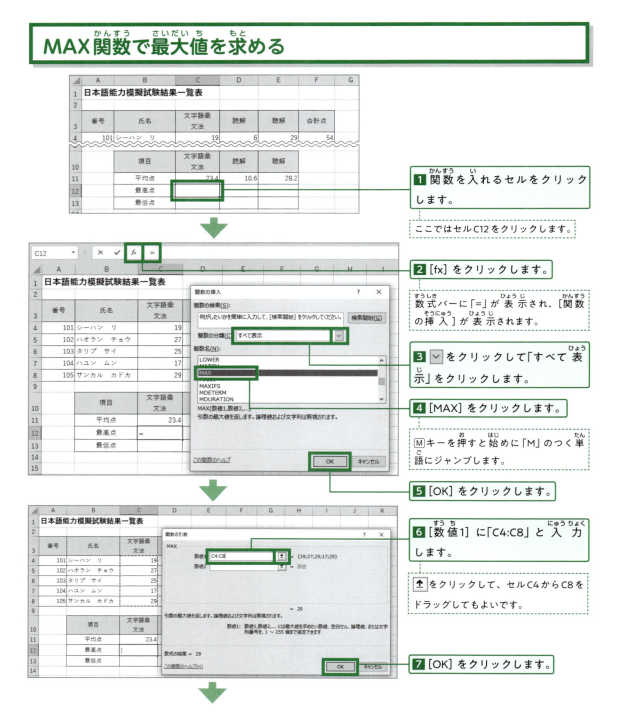

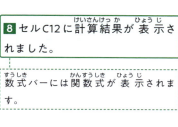

8 セルC12に計算結果が表示されました。

数式バーには関数式が表示されます。

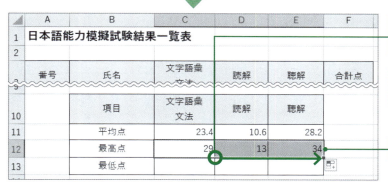

9 オートフィルを使ってほかの最大値も求めます。

ここでは、セルC12の右下をクリックしてセルE12までドラッグします。

10 最高点が求められました。

Point 関数を探すポイント

［関数の挿入］ダイアログボックスの［関数の分類］には、［最近使った関数］という項目があります。よく使う関数ではここを選ぶと便利です。

また、［関数名］のところで、キーボードを入力すると、その単語の関数までジャンプします。「M」「A」「X」と複数の文字を入力することもできます。

3-12-5 最小

MIN関数を使って最小値を計算しましょう。

MIN関数で最小値を求める

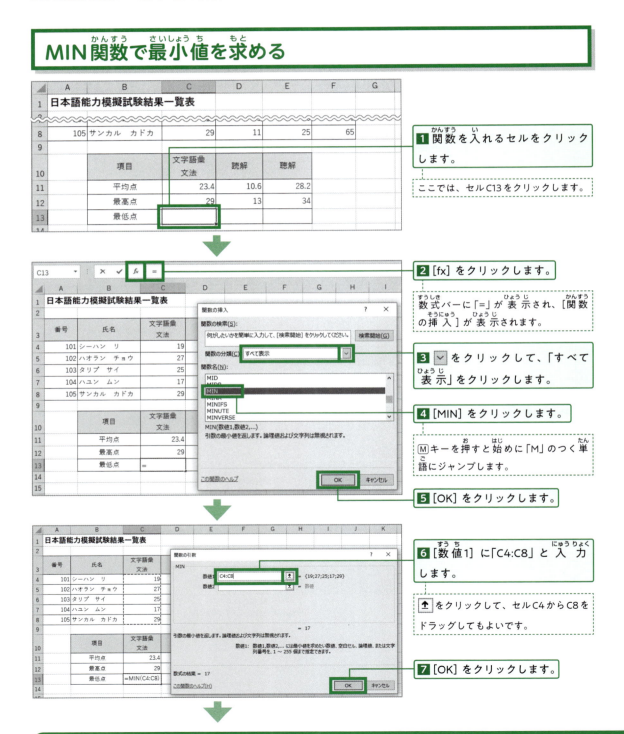

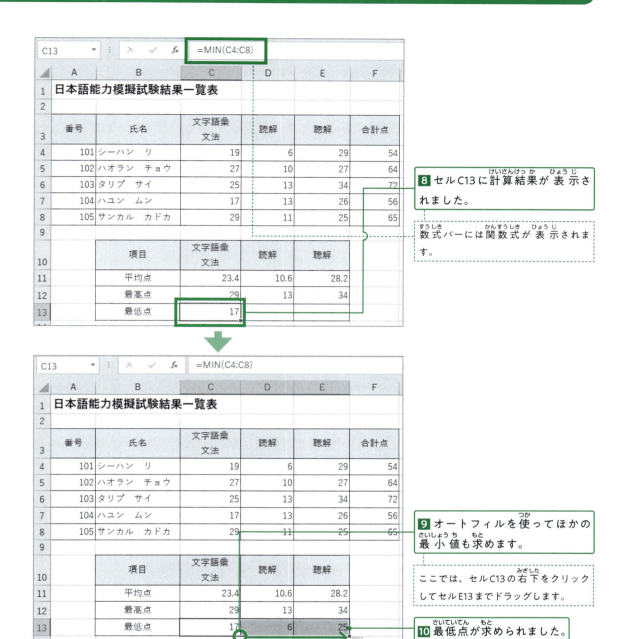

練習問題

 サンプルファイルを読み込んで、サークル・同好会会員数の表を作成しましょう。①合計人数 ②平均人数 ③最多人数 ④最少人数を、[fx]ボタンから関数を選択して計算しましょう。入力する場合は3-12_課題1_入力.pdfを参考にしてください。

サンプル 3-12_課題1.xlsx

	A	B	C	D
1	サークル・同好会会員数			
2			(6月30日現在)	
3				
4	コード	サークル名	人数	
5	運1	テニス	100	
6	運2	バスケットボール	66	
7	運3	フットサル	84	
8	運4	野球	45	
9	文1	書道	8	
10	文2	天文	23	
11	文3	将棋同好会	36	
12	文4	映画研究会	30	
13		合計		①
14				
15		平均人数		②
16		最多人数		③
17		最少人数		④
18				

完成例 3-12_課題1_完成例.xlsx

3-13 条件分岐と論理式

IF関数を利用した条件分岐と論理式について学びます。

学ぶこと
- 3-13-1 IF関数と条件分岐
- 3-13-2 IFS関数と複数の条件分岐
- 3-13-3 COUNTIF関数

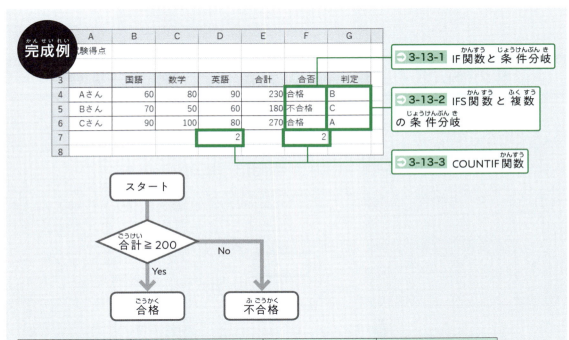

演算子	意味	入力例	入力例の意味
=	等しい	A1=B1	A1はB1と等しい
>	より大きい	A1>B1	A1はB1より大きい
<	より小さい（未満）	A1<B1	A1はB1より小さい
>=	以上	A1>=B1	A1はB1以上
<=	以下	A1<=B1	A1はB1以下
<>	等しくない	A1<>B1	A1はB1と等しくない

📥 サンプル　3-13_試験得点.xlsx
📥 完成例　3-13_試験得点_完成例.xlsx

3-13-1 IF関数と条件分岐

条件分岐とは、「もし、条件が合えば、処理Aを行い、条件が合わなければ、処理Bを行う」というプログラムの命令をいいます。
例えば、「もし、200点以上なら「合格」、違うなら「不合格」といった判定に使います。
Excelでは、条件分岐にIF関数を使います。IFは「もし」という意味です。以下で、IF関数を使ってみましょう。

● 条件分岐のしくみ

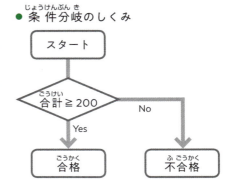

IF関数の使い方（リボンから入力）

📥 サンプル 3-13_試験得点.xlsx

表は、Aさん、Bさん、Cさんの3人の試験得点の一覧です。国語、数学、英語の合計が200点以上なら合格、それ以外（200点より低い場合）は不合格という判定をIF関数で行います。なお、セルF3にある「合否」とは、「合格」「不合格」のことです。

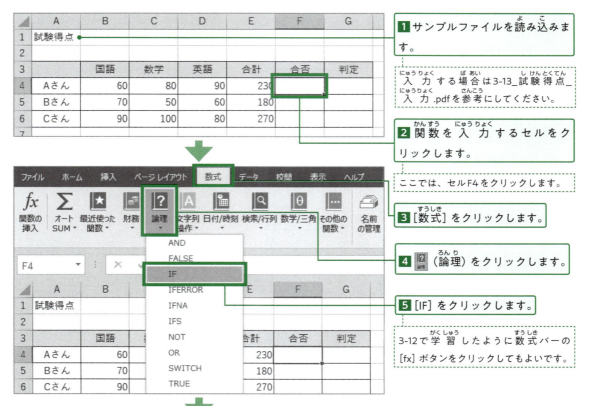

1 サンプルファイルを読み込みます。

入力する場合は3-13_試験得点_入力.pdfを参考にしてください。

2 関数を入力するセルをクリックします。

ここでは、セルF4をクリックします。

3 [数式] をクリックします。

4 📘(論理)をクリックします。

5 [IF] をクリックします。

3-12で学習したように数式バーの [fx] ボタンをクリックしてもよいです。

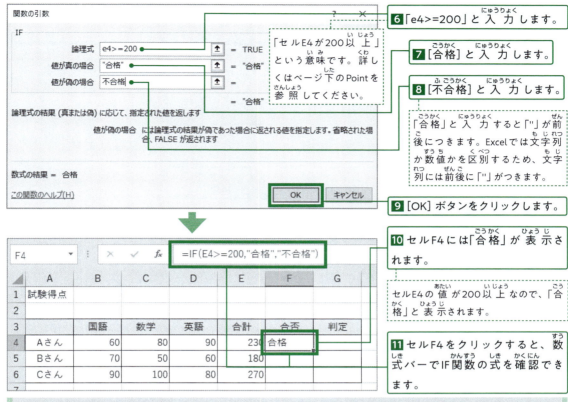

6 「e4>=200」と入力します。

7 [合格]と入力します。

8 [不合格]と入力します。

「セルE4が200以上」という意味です。詳しくはページ下のPointを参照してください。

「合格」と入力すると「"」が前後につきます。Excelでは文字列か数値かを区別するため、文字列には前後に「"」がつきます。

9 [OK]ボタンをクリックします。

10 セルF4には「合格」が表示されます。

セルE4の値が200以上なので、「合格」と表示されます。

11 セルF4をクリックすると、数式バーでIF関数の式を確認できます。

Point 論理式と演算子

手順6ではIF関数の引数に「論理式」を入力しました。論理式とは、演算子(計算するための記号:operator symbol)を組み合わせた式のことを言います。演算子には右の表のような種類があります。

演算子	意味	入力例
=	等しい	A1=B1
>	より大きい	A1>B1
<	より小さい(未満)	A1<B1
>=	以上	A1>=B1
<=	以下	A1<=B1
<>	等しくない	A1<>B1

上の手順6の「論理式」のところで使用した「>=」は「以上」を表す演算子です。手順7の「値が真の場合」は、論理式が「成立する場合」という意味です。手順8の「値が偽の場合」は、逆に論理式が「成立しない場合」という意味です。つまり、セルE4の値が200以上なら「合格」と表示され、そうでない場合は「不合格」と表示されます。

Point 以上と以下、未満

200以上や、200以下といった場合、200を含みます。演算子でいうと「>=200」「<=200」です。一方、200未満というときは、200は含まれません。演算子でいうと「<200」です。これは199以下と同じ意味なので、「<=199」と表すこともできます。

IF関数の使い方（直接入力）

IF関数を直接セルに入力するやり方を学びます。IF関数の書き方は次の通りです。

= IF (論理式 , 真の場合 , 偽の場合)

前ページのリボンを使ったケースを直接入力すると次のような式になります。

=IF(E4>=200,"合格","不合格")

これは、前ページの手順 11 で確認した式と同じです。
Bさんの合格判定を、IF関数を入力して行ってみましょう。

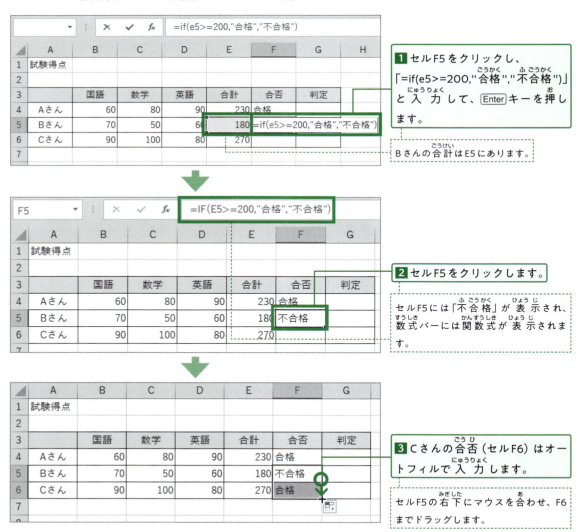

3-13-2 IFS関数と複数の条件分岐

IF関数では、条件が成立した場合、条件が成立しなかった場合、という2つのケースを学びました。一方、IFS関数は、複数の条件を判定したいときに使います。

IFS関数の使い方（リボンから入力）

3-13-1ではAさん、Bさん、Cさんの点数が「合格」か「不合格」か2つの判定でした。ここでは3人の点数を「A」、「B」、「C」の3つで判定しましょう。240点以上はA、200点以上はB、200点未満はCとします。

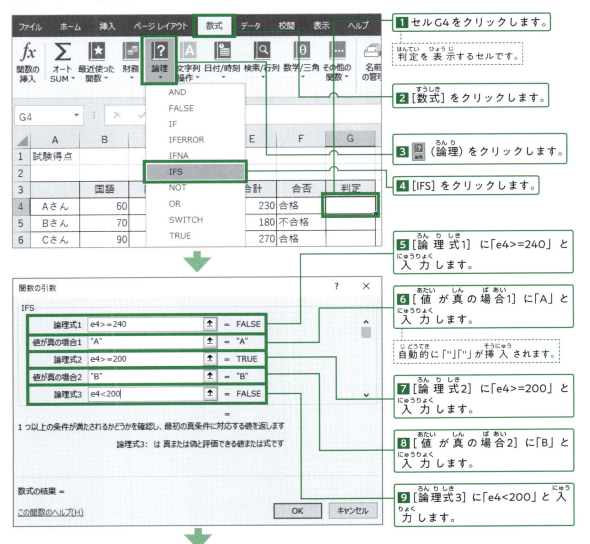

1 セルG4をクリックします。
判定を表示するセルです。

2 [数式]をクリックします。

3 ？(論理)をクリックします。

4 [IFS]をクリックします。

5 [論理式1]に「e4>=240」と入力します。

6 [値が真の場合1]に「A」と入力します。
自動的に「"」「"」が挿入されます。

7 [論理式2]に「e4>=200」と入力します。

8 [値が真の場合2]に「B」と入力します。

9 [論理式3]に「e4<200」と入力します。

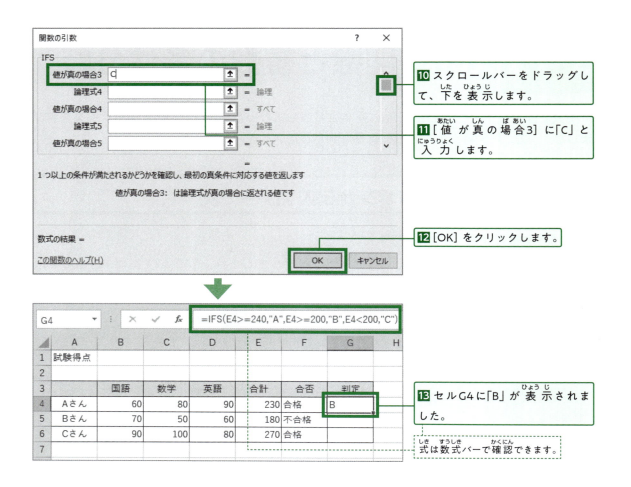

IFS関数の使い方（直接入力）

IFS関数をセルに直接入力するやり方を学びます。IFS関数の書き方は次の通りです。

=IF(論理式1, 値が真の場合1, 論理式2, 値が真の場合2, 論理式3, 値が真の場合3,…)

上の手順 13 でB判定だったAさんのセルG4には、次の式が入っています。

=IFS(E4>=240,"A",E4>=200,"B",E4<200,"C")

Bさんの判定を、IFS関数を入力して行ってみましょう。

1 セルG5に「=IFS(e5>=240,"A",e5>=200,"B",e5<200,"C")」と入力して、Enterキーを押します。

2 セルG5をクリックします。

セルG5にはC判定が表示され、数式バーには関数式が表示されます。

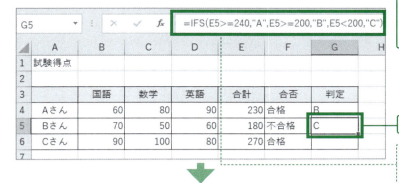

3 Cさんの判定（セルG6）はオートフィルで入力します。

セルG5の右下にマウスを合わせ、セルG6までドラッグします。

> **Point** IFS関数を使うときは順番に注意
>
> IFS関数の判定は、カッコ内の最初から順番に行われます。
>
> そのため、「B」となる判定を先に書いてしまうと、240点以上あるCさんをうまく判定できません。
>
> ✗ =IFS(E4>=200,"B",E4>=240,"A",E4<200,"C")
>
> 270点のCさんはここで「B」と判定されてしまいます。
>
> ◯ =IFS(E4>=240,"A",E4>=200,"B",E4<200,"C")
>
> Cさんは「A」と正しく判定されます。

3-13-3 COUNTIF関数

COUNTIF関数を使用すると、条件に合うセルの数を数えることができます。

COUNTIF関数の使い方（リボンから入力）

表の「合否」から「合格」の数を数えてみましょう。

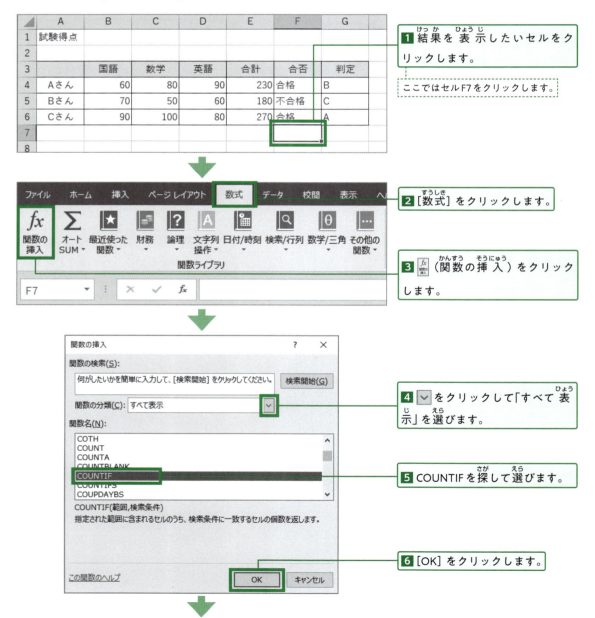

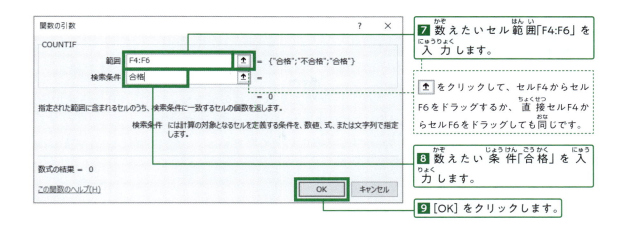

COUNTIF関数の使い方（直接入力）

　COUNTIF関数を直接入力する方法を学びます。英語の点数が70点以上の数を数えてみましょう。70点以上という条件には「>=」（以上）の演算子を用います。

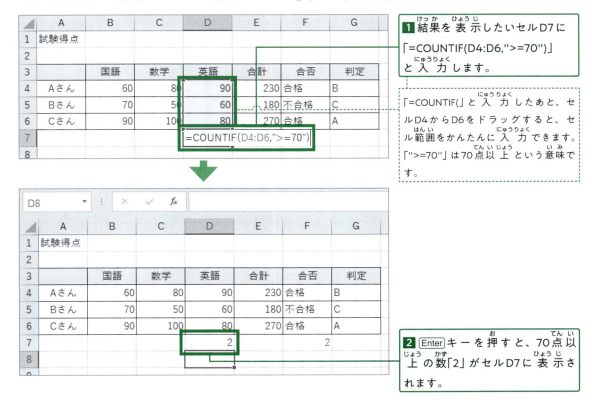

練習問題

課題1
サンプルファイルを読み込んで、IF関数による条件分岐を使い、セルF4からセルF6に合計が200以上なら「〇」、200未満なら「×」と表示させましょう。入力する場合は3-13_課題1_入力.pdfを参考にしてください。

📥 サンプル 3-13_課題1.xlsx

	A	B	C	D	E	F	G
1	試験得点						
2							
3		国語	数学	英語	合計	合否	
4	Aさん	60	80	90	230		
5	Bさん	70	50	60	180		
6	Cさん	90	100	80	270		
7							

⬇

完成例

	A	B	C	D	E	F	G
1	試験得点						
2							
3		国語	数学	英語	合計	合否	
4	Aさん	60	80	90	230	〇	
5	Bさん	70	50	60	180	×	
6	Cさん	90	100	80	270	〇	
7							

📥 完成例 3-13_課題1_完成例.xlsx

課題2
サンプルファイルを読み込んで、IFS関数による複数の条件分岐を使い、セルC4からC8に得点が80以上なら「A」、60以上なら「B」、50以上なら「C」、50未満なら「D」と表示させましょう。入力する場合は3-13_課題2_入力.pdfを参考にしてください。

📥 サンプル 3-13_課題1.xlsx

	A	B	C	D
1	試験得点			
2				
3		得点	判定	
4	Aさん	70		
5	Bさん	50		
6	Cさん	90		
7	Dさん	60		
8	Eさん	40		

➡ 完成例

	A	B	C	D
1	試験得点			
2				
3		得点	判定	
4	Aさん	70	B	
5	Bさん	50	C	
6	Cさん	90	A	
7	Dさん	60	B	
8	Eさん	40	D	

📥 完成例 3-13_課題2_完成例.xlsx

3-14 データの抽出

表の中からフィルターを使用して必要なデータだけを抽出する（取り出す）方法について学びます。

学ぶこと

- 3-14-1 リスト形式
- 3-14-2 フィルターの設定と解除
- 3-14-3 データの抽出と解除
- 3-14-4 いろいろな抽出方法
- 3-14-5 複数項目のデータの抽出

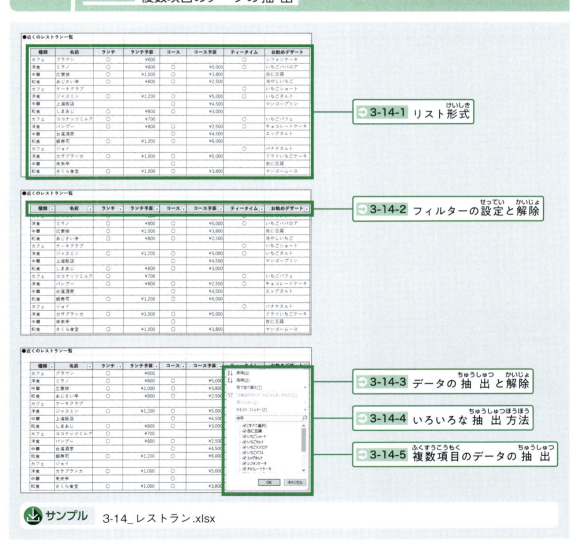

📥 **サンプル** 3-14_レストラン.xlsx

3-14-1 リスト形式

表の先頭行に列見出しがあり、列ごとに規則正しいデータが入力されている表をリスト形式といいます。通常のExcelの表はこの「リスト形式」になっています。

表のデータの規則

📥 サンプル 3-14_レストラン.xlsx

レストラン一覧表を使ってデータの規則（きまり）を学びます。

1 サンプルファイルを読み込みます。

> 入力する場合は3-14_レストラン_入力.pdfを参考にしてください。

2 表の先頭の行に見出しがあります。

3 表のデータがあります。

4 データの入った行のことをレコードと呼びます。

> セルB5からI5のレコードは、「ミラノ」というレストランの情報の集まりです。（「ミラノ」は洋食屋さんで、ランチが¥800、コース料理は¥5,000など。）

Point レストラン一覧表のデータの規則（きまり）

レストラン一覧表のデータは次の規則（きまり）で入力されています。

列	見出し名	データの内容	データの入力規則
B	種類	レストランの種類	「カフェ」「洋食」「和食」「中華」のどれか1つ
C	名前	レストランの名前	全角文字で入力
D	ランチ	ランチの有無	○：ランチあり／空白：ランチなし
E	ランチ予算	ランチの値段	半角の数値
F	コース	コースの有無	○：コースあり／空白：コースなし
G	コース予算	コースの値段	半角の数値
I	お勧めデザート	お勧めのデザートの名前	全角文字で入力

3-14-2 フィルターの設定と解除

表のデータを並べかえたり、絞り込んだりできるのがフィルターです。「レストラン一覧表」でフィルターの設定と解除を学びます。

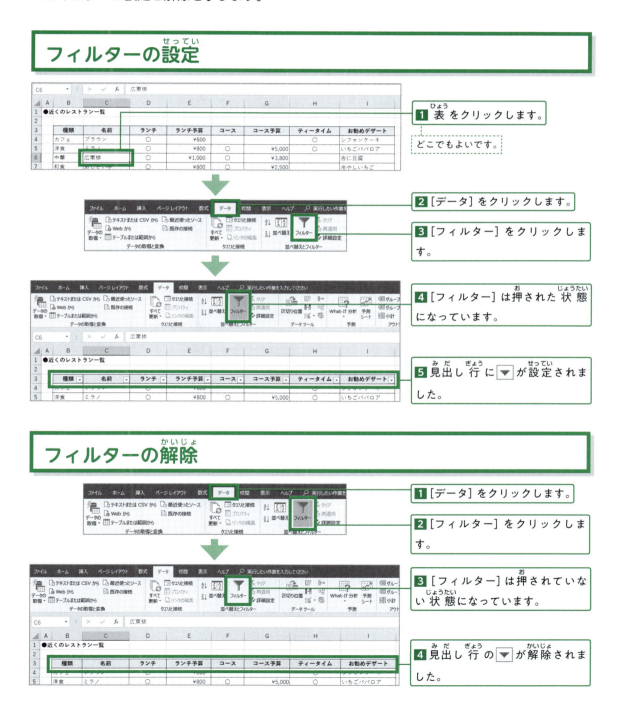

3-14-3 データの抽出と解除

フィルターを使った、データの抽出と解除を学びます。

データの抽出

レストラン一覧から中華と和食のデータを抽出します。

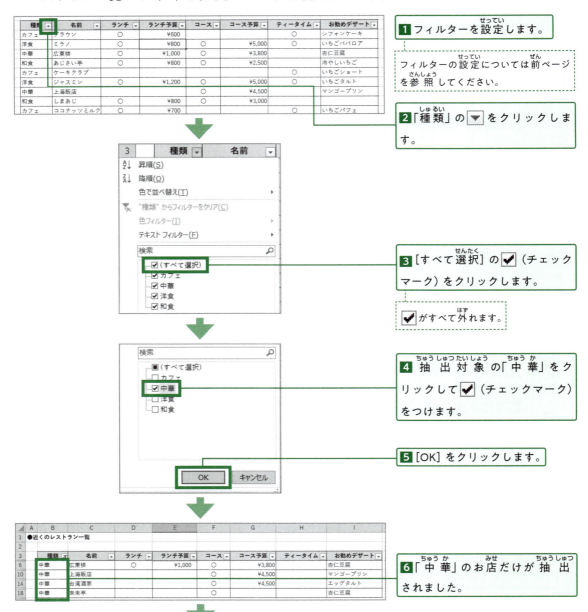

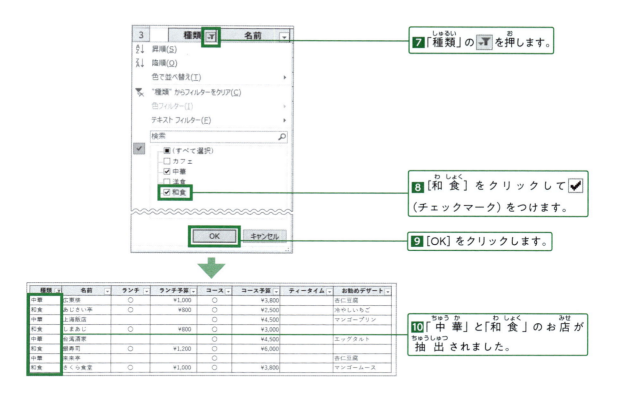

フィルターの解除

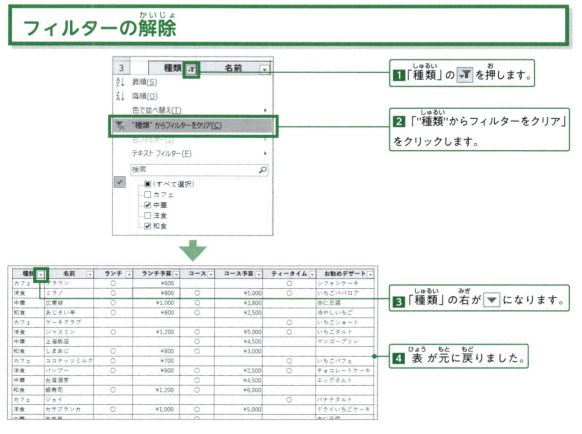

3-14-4 いろいろな抽出方法

フィルターを使ったいろいろなデータの抽出方法を学びます。

検索条件による抽出

「お勧めデザート」を特定のキーワードで抽出します。

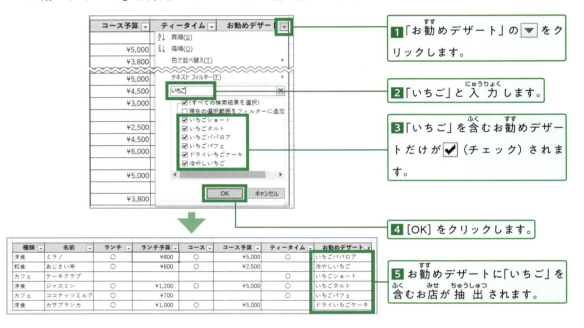

1. 「お勧めデザート」の▼をクリックします。
2. 「いちご」と入力します。
3. 「いちご」を含むお勧めデザートだけが ✓（チェック）されます。
4. [OK]をクリックします。
5. お勧めデザートに「いちご」を含むお店が抽出されます。

テキストフィルター

「お勧めデザート」を複数のキーワードで抽出します。

1. 「お勧めデザート」の▼をクリックします。
2. [テキストフィルター]をクリックします。
3. [ユーザー設定フィルター]をクリックします。

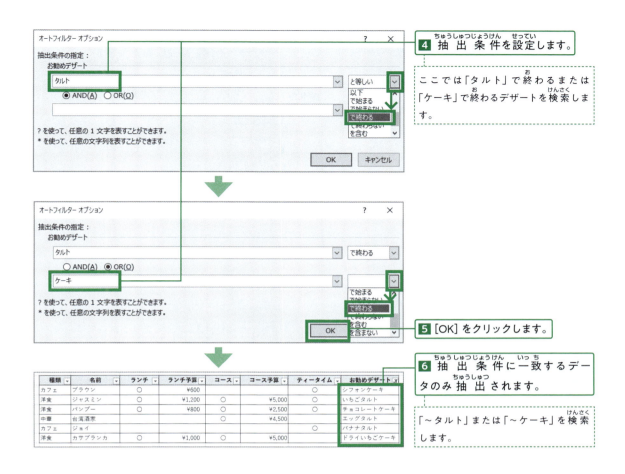

数値フィルター

「ランチ予算」をもとに希望する金額のお店を抽出します。

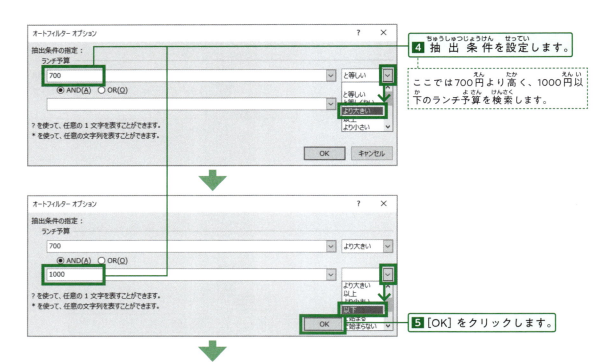

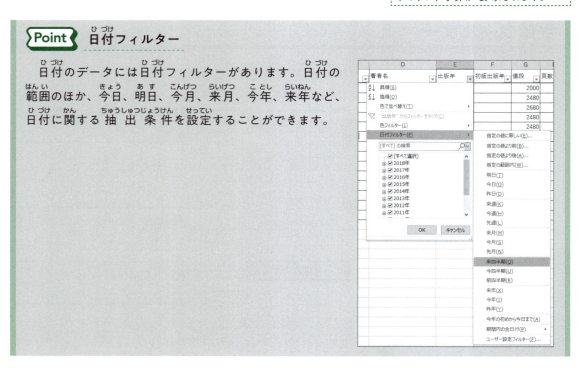

3-14-5 複数項目のデータの抽出

いろいろな抽出方法を組み合わせて複数の項目での抽出を学びます。ここでは「レストラン一覧表」を使ってランチがあり、かつ、ティータイムがあり、かつ、ランチが1000円未満のレストランを抽出しましょう。

ランチのあるレストランを抽出

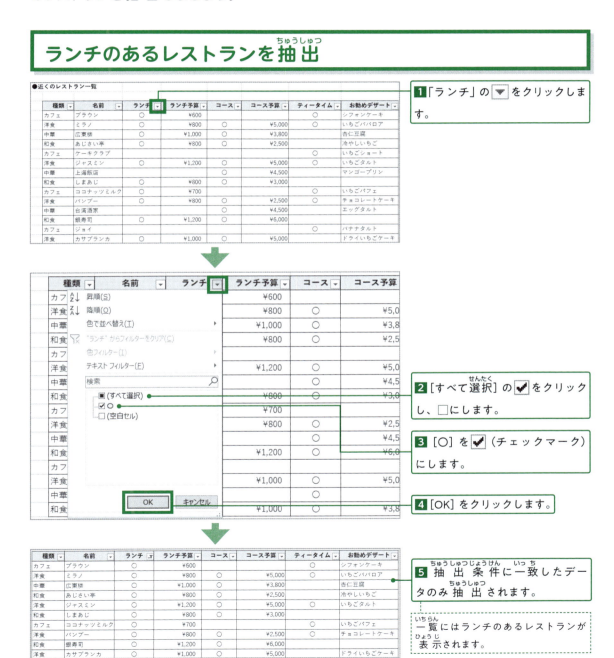

ティータイムのあるレストランを抽出

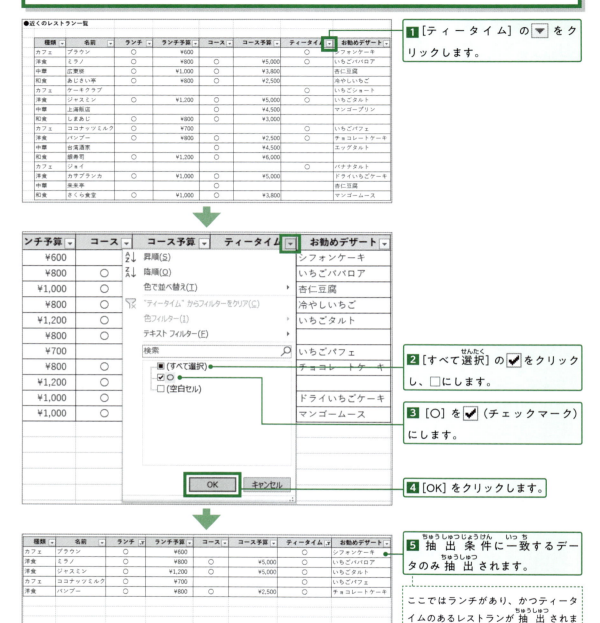

1000円以内のレストランを抽出

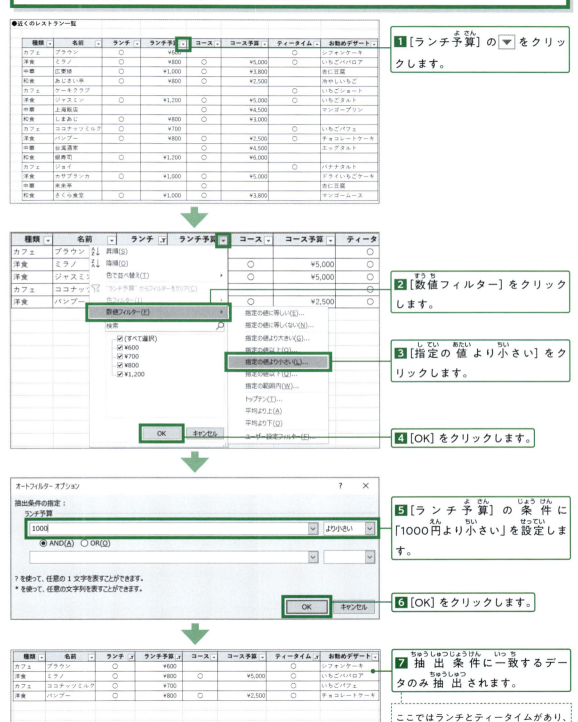

練習問題

課題1 サンプルファイルを使用して、(1)～(5)の条件でのデータを抽出してください。

📥 サンプル 3-14_課題1.xlsx

(1) コースがある洋食のレストラン

種類	名前	ランチ	ランチ予算	コース	コース予算	ティータイム	お勧めデザート
洋食	ミラノ	○	¥800	○	¥5,000	○	いちごババロア
洋食	ジャスミン	○	¥1,200	○	¥5,000	○	いちごタルト
洋食	バンブー	○	¥800	○	¥2,500	○	チョコレートケーキ
洋食	カサブランカ	○	¥1,000	○	¥5,000		ドライいちごケーキ

(2) ランチ予算が1000円以下でお勧めデザートにケーキのあるレストラン

種類	名前	ランチ	ランチ予算	コース	コース予算	ティータイム	お勧めデザート
カフェ	ブラウン	○	¥600				シフォンケーキ
洋食	バンブー	○	¥800	○	¥2,500	○	チョコレートケーキ
洋食	カサブランカ	○	¥1,000	○	¥5,000		ドライいちごケーキ

(3) 中華でコースの予算が3000円以上、5000円未満のレストラン

種類	名前	ランチ	ランチ予算	コース	コース予算	ティータイム	お勧めデザート
中華	広東樓	○	¥1,000	○	¥3,800		杏仁豆腐
中華	上海飯店			○	¥4,500		マンゴープリン
中華	台湾酒家			○	¥4,500		エッグタルト

(4) 洋食またはカフェで、バナナまたはいちごのお勧めデザートがあるレストラン

種類	名前	ランチ	ランチ予算	コース	コース予算	ティータイム	お勧めデザート
洋食	ミラノ	○	¥800	○	¥5,000	○	いちごババロア
カフェ	ケーキクラブ					○	いちごショート
洋食	ジャスミン	○	¥1,200	○	¥5,000	○	いちごタルト
カフェ	ココナッツミルク	○	¥700			○	いちごパフェ
カフェ	ジョイ					○	バナナタルト
洋食	カサブランカ	○	¥1,000	○	¥5,000		ドライいちごケーキ

(5) ティータイムがあって、ランチ予算が1000円以内でいちごのお勧めデザートがあるレストラン

種類	名前	ランチ	ランチ予算	コース	コース予算	ティータイム	お勧めデザート
洋食	ミラノ	○	¥800	○	¥5,000	○	いちごババロア
カフェ	ココナッツミルク	○	¥700			○	いちごパフェ

 完成例 3-14_課題1_完成例.xlsx

3-15 データの並べ替え

表のデータを並べ替える方法について学びます。

学ぶこと
- 3-15-1 リスト形式
- 3-15-2 データの並べ替え
- 3-15-3 複数項目の並べ替え

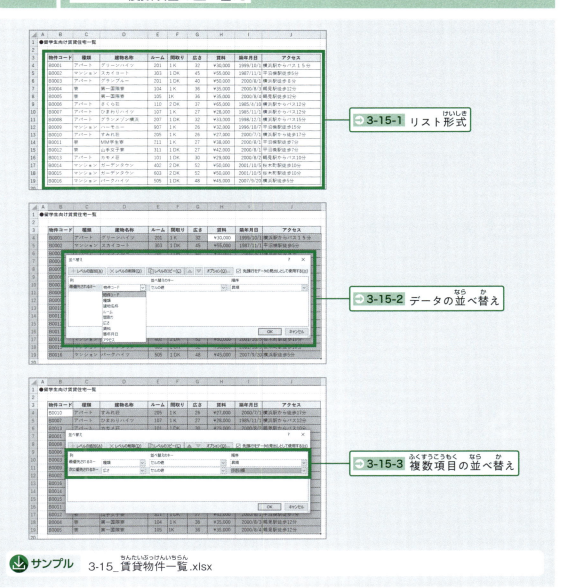

- 3-15-1 リスト形式
- 3-15-2 データの並べ替え
- 3-15-3 複数項目の並べ替え

📥 サンプル　3-15_賃貸物件一覧.xlsx

3-15-1 リスト形式

表のデータの規則

⬇ サンプル 3-15_賃貸物件一覧.xlsx

サンプルファイルは賃貸住宅一覧表です。この表は次のようなデータの規則で作成されています。

1. サンプルファイルを読み込みます。
2. 先頭の行に見出しがあります。
3. 表のデータがあります。
4. B列の[物件コード]の順に並んでいます。

Point 表のデータの規則

表のデータは次の規則で入力されています。

列	見出し名	データの内容	データの入力規則
B	物件コード	部屋を管理するコード	B+連続番号
C	種類	建物の種類	「アパート」「マンション」「寮」
D	物件名称	建物の名前	全角文字
E	ルーム	部屋番号	英数字
F	間取り	部屋の数とLDK	英数字
G	広さ	部屋の広(単位：m²)	数値
H	賃料	家賃	数値
I	築年月日	建物が完成した日付	日付
J	アクセス	近くの駅からの時間	全角文字

● 並び替えた表を戻すには

並び替えたデータを元に戻すときは、[元に戻す]ボタン（↶）か Ctrl + Z（Ctrl キーを押しながら Z キーを押す）で戻せます。なお、ファイルを保存すると元に戻せなくなるので注意しましょう。

3-15-2 データの並べ替え

選択項目の並べ替え、フィルターを使用した並べ替え、ダイアログを使用した並べ替えを学びます。

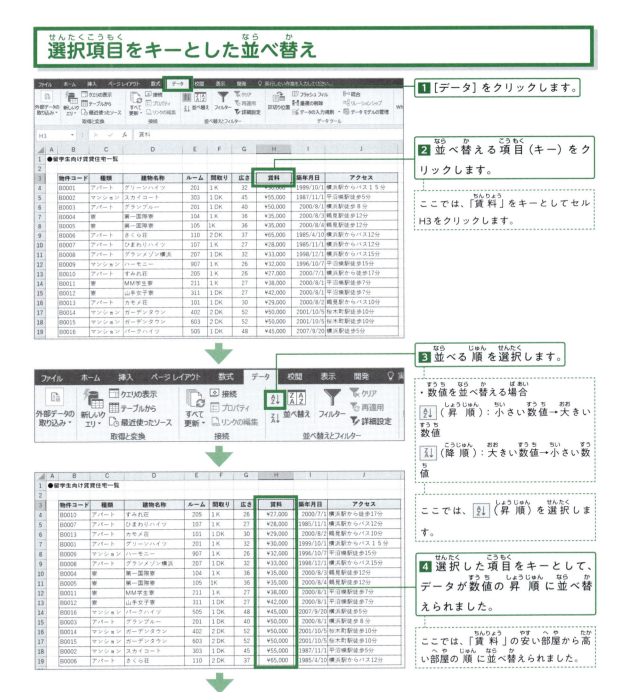

フィルターを使用した並べ替え

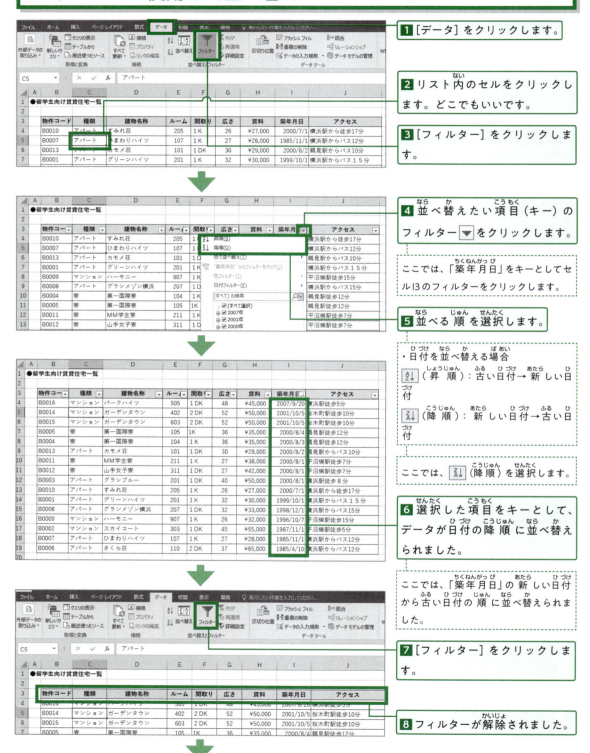

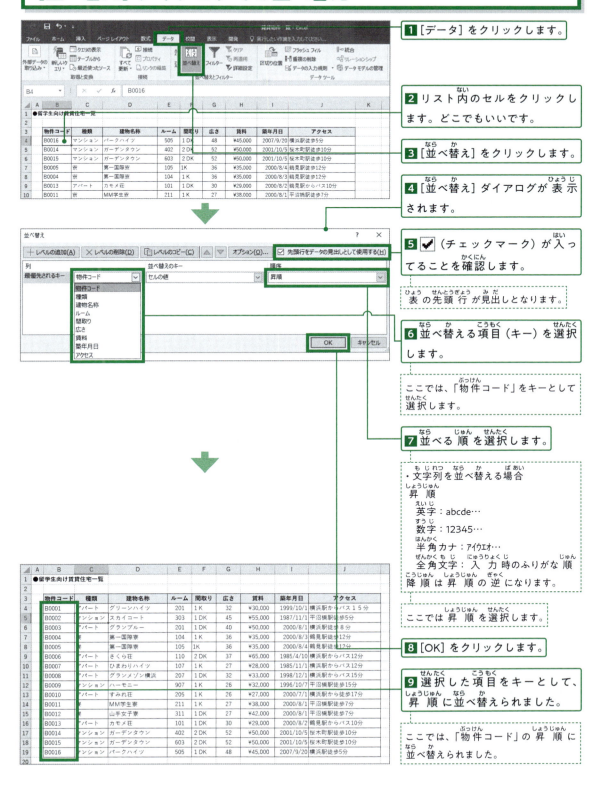

3-15-3 複数項目の並べ替え

複数の項目（キー）を使って、データを並べ替える方法を学びます。ここでは「種類」毎にと「広さ」の狭い順に並べ変えます。

2つのキーによる並べ替え

サンプルを使って、部屋の「種類」と「広さ」で並べ替えてみましょう。

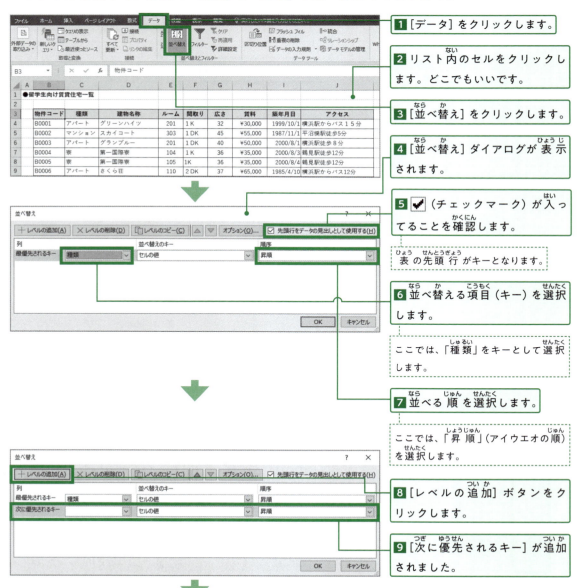

1 [データ]をクリックします。

2 リスト内のセルをクリックします。どこでもいいです。

3 [並べ替え]をクリックします。

4 [並べ替え]ダイアログが表示されます。

5 ✓（チェックマーク）が入ってることを確認します。

表の先頭行がキーとなります。

6 並べ替える項目（キー）を選択します。

ここでは、「種類」をキーとして選択します。

7 並べる順を選択します。

ここでは、「昇順」（アイウエオの順）を選択します。

8 [レベルの追加]ボタンをクリックします。

9 [次に優先されるキー]が追加されました。

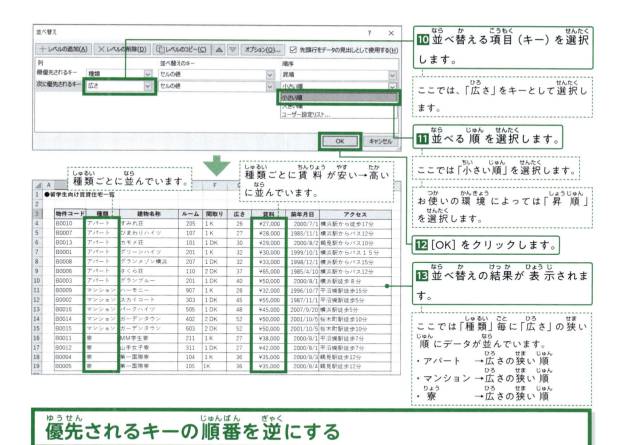

優先されるキーの順番を逆にする

手順 6 ～ 12 で設定したキーの順番を逆にしてみましょう。

練習問題

課題1 サンプルファイルを使って、表のデータを次のような順番で並べ替えてください。なお、お使いの環境によっては「降順」が「大きい順」や「新しい順」、「昇順」が「小さい順」「古い順」と表示されます。

📥 サンプル 3-15_課題1.xlsx

(1) 広い順

(2) 種類ごとに築年月日の新しい順

(3) 種類ごと、間取りごとに賃料の高い順

📥 完成例 3-15_課題1_完成例.xlsx

留学生のための重要用語 201

本書に出てきたExcelや日本語の重要な用語を集めました。学習にお役立てください。
メモには母国語などで読み方や意味を書いておくとよいでしょう。

	No	用語	参照	メモ
	3-1	Excelの基本		
☐	001	起動	p.50	
☐	002	終了	p.50	
☐	003	空白のブック	p.50	
☐	004	クイックアクセスツールバー	p.52	
☐	005	タイトルバー	p.52	
☐	006	タブ	p.52	
☐	007	ブック名	p.52	
☐	008	リボン	p.53	
☐	009	閉じるボタン	p.53	
☐	010	数式バー	p.53	
☐	011	ワークシート	p.53	
☐	012	行	p.53	
☐	013	列	p.53	
☐	014	マウスポインター	p.53	
☐	015	スクロールバー	p.53	
☐	016	スクロールボタン	p.53	

	No	用語	参照	メモ
☐	017	シート名	p.53	
☐	018	ステータスバー	p.53	
☐	019	ズームスライダー	p.53	
☐	020	表示モード切替ボタン	p.53	
☐	021	表示モード／標準	p.53	
☐	022	表示モード／ページレイアウト	p.53	
☐	023	表示モード／改ページプレビュー	p.53	
☐	024	シート（ワークシート）	p.54	
☐	025	ブック（ワークブック）	p.54	
☐	026	シートの追加	p.55	
☐	027	シートの削除	p.56	
☐	028	シート名の変更	p.56	
☐	029	ショートカットキー	p.57	
☐	030	名前を付けて保存	p.58	
☐	031	拡張子	p.59	
☐	032	上書き保存	p.59	
☐	033	ブックの読み込み	p.60	
☐	034	印刷	p.62	
☐	035	印刷プレビュー	p.63	
☐	036	テンプレート	p.64	

	No	用語	参照	メモ
☐	037	表示倍率	p.66	
	3-2	セル操作の基本		
☐	038	アクティブセル	p.68	
☐	039	セルポインター（カーソル）	p.68	
☐	040	セル番地	p.68	
☐	041	列番号	p.68	
☐	042	行番号	p.68	
☐	043	セルの選択	p.69	
☐	044	行の選択	p.69	
☐	045	列の選択	p.69	
☐	046	セルの選択解除	p.69	
☐	047	入力モード	p.70	
☐	048	IMEオプション	p.70	
☐	049	セルの修正	p.71	
☐	050	編集モード	p.71	
☐	051	入力の取り消し	p.73	
☐	052	元に戻すボタン	p.73	
☐	053	数式と値のクリア	p.74	
☐	054	セルの削除	p.75	
☐	055	上方向にシフト	p.75	

	No	用語	参照	メモ
☐	056	左方向にシフト	p.76	
☐	057	行の削除	p.77	
☐	058	省略形式	p.77	
☐	059	列の削除	p.78	
☐	060	セルの挿入	p.78	
☐	061	右方向にシフト	p.80	
☐	062	行の挿入	p.80	
☐	063	列の挿入	p.81	
☐	064	コピー	p.82	
☐	065	移動	p.83	
☐	066	オートフィル	p.86	
☐	067	同一データ	p.86	
☐	068	連続データ	p.87	
☐	069	セルの表示形式	p.89	
☐	070	通貨記号	p.90	

3-3　セルの編集

	No	用語	参照	メモ
☐	071	文字列	p.96	
☐	072	日付	p.97	
☐	073	配置	p.98	
☐	074	書式設定ダイアログ	p.98	

	No	用語	参照	メモ
☐	075	中央揃え	p.98	
☐	076	左詰め（インデント）	p.99	
☐	077	縦書き表示	p.99	
☐	078	セル内の折り返し	p.99	
☐	079	フォント	p.100	
☐	080	太字	p.100	
☐	081	MS明朝	p.100	
☐	082	文字飾り	p.101	
☐	083	下線	p.101	
☐	084	文字の色	p.101	
☐	085	文字のサイズ（大きさ）	p.101	
☐	086	罫線	p.102	
☐	087	格子	p.102	
☐	088	外枠	p.103	
☐	089	罫線の種類	p.103	
☐	090	枠なし	p.103	
☐	091	罫線の太さ	p.103	
☐	092	罫線の色	p.103	
☐	093	罫線のスタイル	p.103	
☐	094	塗りつぶし	p.104	

No	用語	参照	メモ
☐ 095	パターン（模様）	p.105	
	3-4 表の編集		
☐ 096	セルのスタイル	p.108	
☐ 097	テーブル／変換	p.109	
☐ 098	テーブルスタイル	p.109	
☐ 099	テーブルの見出し	p.109	
☐ 100	テーブルツール	p.109	
☐ 101	テーブル／並べ替え	p.110	
☐ 102	昇順	p.110	
☐ 103	降順	p.110	
☐ 104	フィルターをクリア	p.111	
☐ 105	テーブル／解除	p.111	
☐ 106	範囲に変換	p.112	
☐ 107	セルの結合	p.112	
☐ 108	条件付き書式	p.113	
☐ 109	強調表示	p.113	
☐ 110	データーバー	p.114	
☐ 111	ルールのクリア	p.115	
☐ 112	検索	p.116	
☐ 113	置換	p.117	

	No	用語	参照	メモ
	3-5	**式と計算の基本**		
☐	114	式	p.122	
☐	115	=(イコール)	p.122	
☐	116	セル参照	p.124	
☐	117	#VALUE!	p.127	
☐	118	合計	p.129	
☐	119	オートSUM	p.131	
☐	120	:(コロン)	p.132	
☐	121	,(カンマ)	p.133	
☐	122	SUM関数	p.133	
☐	123	平均	p.134	
☐	124	AVERAGE関数	p.135	
☐	125	スパークライン	p.137	
☐	126	縦棒スパークライン	p.137	
	3-6	**相対参照・絶対参照**		
☐	127	相対参照	p.140	
☐	128	絶対参照	p.142	
☐	129	複合参照	p.144	
☐	130	かけ算九九表	p.144	

No	用語	参照	メモ
3-7 表の式と計算			
☐ 131	割合	p.150	
☐ 132	表示形式／通貨	p.150	
☐ 133	％（パーセント）表示	p.152	
☐ 134	小数点	p.152	
☐ 135	達成率	p.153	
3-8 グラフ機能			
☐ 136	円グラフ	p.158	
☐ 137	グラフタイトル	p.159	
☐ 138	グラフの削除	p.161	
☐ 139	グラフツール	p.162	
☐ 140	クイックレイアウト	p.163	
☐ 141	グラフスタイル	p.164	
☐ 142	切り離し円	p.165	
3-9 棒グラフ			
☐ 143	棒グラフ	p.168	
☐ 144	集合縦棒	p.168	
☐ 145	行列の切り替え	p.170	
☐ 146	グラフの種類の変更	p.171	
☐ 147	積み上げ縦棒	p.171	

	No	用語	参照	メモ
☐	148	グラフ要素	p.172	
☐	149	データラベル	p.172	
☐	150	軸ラベル	p.173	
☐	151	グラフシート	p.176	
☐	152	グラフエリア	p.177	
☐	153	凡例	p.177	

3-10 折れ線グラフ・箱ひげ図

	No	用語	参照	メモ
☐	154	折れ線グラフ	p.180	
☐	155	マーカー付き折れ線	p.180	
☐	156	プロットエリア	p.181	
☐	157	縦軸	p.181	
☐	158	縦軸ラベル	p.181	
☐	159	横軸	p.181	
☐	160	横軸ラベル	p.181	
☐	161	箱ひげ図	p.184	
☐	162	最大値	p.185	
☐	163	最小値	p.185	
☐	164	平均マーカー	p.185	
☐	165	第1四分位	p.185	
☐	166	第2四分位	p.185	

	No	用語	参照	メモ
☐	167	第3四分位	p.185	
	3-11	シート間の参照と画像・図形の挿入		
☐	168	シート間の参照	p.189	
☐	169	コメント	p.191	
☐	170	校閲	p.191	
☐	171	画像の挿入	p.193	
☐	172	図形の挿入	p.195	
☐	173	図形の書式設定	p.196	
	3-12	関数と数式の基本		
☐	174	引数	p.200	
☐	175	fx（関数の挿入）ボタン	p.201	
☐	176	関数挿入ダイアログ	p.201	
☐	177	数式タブ	p.202	
☐	178	関数の引数ダイアログ	p.203	
☐	179	最大/MAX関数	p.208	
☐	180	最小/MIN関数	p.210	
	3-13	条件分岐と論理式		
☐	181	条件分岐/IF関数	p.214	
☐	182	論理式	p.215	
☐	183	演算子	p.215	

	No	用語	参照	メモ
☐	184	値が真の場合	p.215	
☐	185	値が偽の場合	p.215	
☐	186	以上	p.215	
☐	187	以下	p.215	
☐	188	未満	p.215	
☐	189	IFS関数	p.217	
☐	190	COUNTIF関数	p.220	

3-14 データの抽出

	No	用語	参照	メモ
☐	191	リスト形式	p.224	
☐	192	見出し	p.224	
☐	193	レコード	p.224	
☐	194	フィルター	p.225	
☐	195	データの抽出	p.226	
☐	196	テキストフィルター	p.228	
☐	197	数値フィルター	p.229	
☐	198	日付フィルター	p.230	

3-15 データの並べ替え

	No	用語	参照	メモ
☐	199	データの並べ替え	p.237	
☐	200	キー	p.237	
☐	201	並べ替えダイアログ	p.239	

LZHファイルやPDFファイルが開かないとき

◉ 圧縮ファイルが開かないとき 〜LZH解凍ソフトの入手方法

　圧縮ファイルとは、元のデータの内容を変えず、サイズを縮小したものです。複数のファイルを1つの圧縮ファイルにまとめることができます。本書のダウンロードサービスで提供しているファイルは、ZIP形式の圧縮ファイルです。
　ZIP形式の圧縮ファイルは、Windows10のエクスプローラーが対応しているので、ファイルをダブルクリックすれば、利用することができます。
　一方、LZH形式の圧縮ファイルは、解凍するためのアプリケーションを導入する必要があります。
　下記は、代表的な解凍ソフトです。または、オンラインソフトを紹介する「窓の杜」にアクセスし、キーワードにLZHと検索して、入手することもできます。

■ Lhasa（解凍ソフト）　　http://www.digitalpad.co.jp/~takechin/

■ 窓の杜　　　　　　　　https://forest.watch.impress.co.jp/

◉ PDFファイルが開かないとき 〜Adobe Acrobat Readerの入手方法

　もし、本書で提供している入力用のPDFファイルが開かないときは、Adobe社のAdobe Readerを導入することで利用できます。下記のURLにアクセスすると、ダウンロードページに移動します。

■ Adobe Acrobat Reader DC　　https://get.adobe.com/jp/reader/

　または、「Google」で「Adobe Reader」と検索すると、「Adobe Acrobat Reader DC ダウンロード」という項目が表示されるので、クリックすると、ダウンロードページに移動します。
　上の「窓の杜」でもキーワードに「Adobe Acrobat Reader」と入力して検索すれば、ダウンロードすることができます。

執筆者紹介

楳村 麻里子（うめむら まりこ）
東京都武蔵野市生
明治大学経営学部経営学科卒業
現在，専門学校お茶の水スクールオブビジネス専任講師

松下 孝太郎（まつした こうたろう）
神奈川県横浜市生
横浜国立大学大学院工学研究科人工環境システム学専攻博士後期課程修了 博士（工学）
（学）東京農業大学
現在，東京情報大学総合情報学部教授

津木 裕子（つぎ ゆうこ）
和歌山県和歌山市生
産業能率大学大学院総合マネジメント研究科総合マネジメント専攻修士課程修了
現在，産業能率大学経営学部准教授

平井 智子（ひらい ともこ）
東京都杉並区生
東洋英和女学院大学大学院人間科学研究科人間科学専攻修士課程修了
現在，マナーコンサルタント，帝京大学短期大学部非常勤講師

山本 光（やまもと こう）
神奈川県横須賀市生
横浜国立大学大学院環境情報学府情報メディア環境学専攻博士後期課程満期退学
現在，横浜国立大学教育学部教授

両澤 敦子（もろさわ あつこ）
ベトナム・ラムドン省生
中央大学経済学部経済学科卒業
現在，外語ビジネス専門学校専任講師

カバー	●小野 貴司
本文・デザイン	●BUCH⁺

留学生のためのかんたん Excel 入門

2019年1月9日　初版　第1刷発行
2025年4月17日　初版　第4刷発行

著　者	楳村　麻里子
	松下　孝太郎
	津木　裕子
	平井　智子
	山本　光
	両澤　敦子
発行者	片岡　巖
発行所	株式会社技術評論社
	東京都新宿区市谷左内町 21-13
電話	03-3513-6150　販売促進部
	03-3267-2270　書籍編集部
印刷／製本	港北メディアサービス株式会社

定価はカバーに表示してあります。
本書の一部または全部を著作権法の定める範囲を超え、無断で複写、複製、
転載、テープ化、ファイル化することを禁じます。
Ⓒ 2019　楳村 麻里子、松下 孝太郎、津木 裕子、平井 智子、山本 光、両澤 敦子
造本には細心の注意を払っておりますが、万一、乱丁（ページの乱れ）や落
丁（ページの抜け）がございましたら、小社販売促進部までお送りください。
送料小社負担にてお取り替えいたします。
ISBN978-4-297-10270-8 C3055
Printed in Japan

●ダウンロードサービスについては 7 ページをお読みください。
●本書へのご意見ご感想は、技術評論社ホームページまたは以下の宛先へ書面にてお受けしております。なお、電話でのお問い合わせには
お答えいたしかねますので、あらかじめご了承ください。

〒162-0846　東京都新宿区市谷左内町 21-13
株式会社技術評論社書籍編集部　『留学生のためのかんたん Excel 入門』係
FAX：03-3267-2271